石油和化工行业"十四五"规划教材

普通高等教育"十三五"规划教材

周邵萍　编

设备健康监测与故障诊断

化学工业出版社

·北京·

本书第 1 章介绍了设备健康监测与诊断技术的定义和内涵、技术体系、实施过程及发展历史和现状等；第 2 章介绍健康监测与诊断的基础知识，如故障的机理、故障的规律、信号及信号处理的基础知识等；第 3 章介绍了健康监测与诊断的主要实施技术，包括振动监测与诊断技术、温度监测与诊断技术、油污染监测与诊断技术及无损检测技术等；第 4 章结合齿轮箱和滚动轴承的结构、主要故障来源、故障特征，介绍齿轮箱及滚动轴承的健康监测与诊断；第 5 章是针对旋转机械的健康监测与诊断，重点是介绍旋转机械不平衡、不对中、弯曲、偏心、松动、碰摩、油膜涡动和振荡、旋转失速和喘振等典型故障的机理、故障特征、诊断方法，并结合工程案例进行阐述；第 6 章介绍在线监测与智能诊断方法及系统等。

本书可用作高等学校机械类本科、研究生的教材，也可供机械工程技术人员及设备运行维护和管理人员参考。

图书在版编目（CIP）数据

设备健康监测与故障诊断/周邵萍编. —北京：化学
工业出版社，2019.11（2024.5重印）
普通高等教育"十三五"规划教材
ISBN 978-7-122-35854-7

Ⅰ.①设…　Ⅱ.①周…　Ⅲ.①机械设备-故障诊断-高等
学校-教材　Ⅳ.①TM17

中国版本图书馆 CIP 数据核字（2019）第 278236 号

责任编辑：丁文璇　　　　　　　　　　　装帧设计：张　辉
责任校对：宋　夏

出版发行：化学工业出版社（北京市东城区青年湖南街 13 号　邮政编码 100011）
印　　装：北京科印技术咨询服务有限公司数码印刷分部
787mm×1092mm　1/16　印张 9¾　字数 233 千字　2024 年 5 月北京第 1 版第 4 次印刷

购书咨询：010-64518888　　　　　　售后服务：010-64518899
网　　址：http://www.cip.com.cn
凡购买本书，如有缺损质量问题，本社销售中心负责调换。

定　　价：39.00 元

前言

　　设备状态监测与故障诊断是 20 世纪 80 年代迅速发展起来的一门交叉性学科，健康监测与故障诊断是近些年根据仿生学提出的一种概念。设备在整个生命周期中，由于各种因素，像人一样会"生病"，工程师像医生一样，通过一些监测手段，获得设备运行过程中的健康信息，并结合设备的病史及工程师所掌握的知识来判断设备是否健康，若不健康，是什么故障、何处故障、故障程度等。本书在此基础上，系统地介绍了设备发生故障的机理、故障规律及信号的一些基本知识，然后介绍健康监测与故障诊断技术的实施技术，如振动监测与诊断技术、温度监测与诊断技术、油污染监测与诊断技术及无损检测技术等；之后针对齿轮箱、轴承等典型零部件和旋转机械，结合工程案例，介绍健康监测与诊断技术的具体实施方法；最后介绍在线监测系统及智能诊断方法。

　　本书是编者在多年课堂教学总结和实际工程项目积累的基础上编写的，内容丰富完整，结构清晰，既有基础理论部分，也有诊断技术部分；既有知识阐述，也有结合工程项目的案例分析，适合作为高等学校机械类专业本科和研究生的教材，也适合作为机械工程技术人员和设备维护人员的学习参考资料。

　　本书在编写的过程中得到了编者多届研究生的大力支持，戚敏新、李长龙、陈少杰、朱路飞、张楠楠、刘伟、陈超峰、翟双苗、王从译、胡刚毅、钟文清、田鑫、何天浩、冷仓田、孙彪等在文献查阅、文字修改、图片制作等方面做了很多工作。本书所使用的部分工程项目案例是编者和苏永升教授等一起承担的工程项目。在编写的过程中，岳阳长岭设备研究所有限公司朱铁光高工给了大力支持，并提供了部分工程案例，在此一并表示感谢！

　　由于编者水平有限，不妥之处在所难免，恳请读者批评指正。

编者
2019 年 6 月

目 录

第1章　绪论

1.1　设备健康监测与故障诊断的定义 ·· 1
1.2　设备健康监测与故障诊断技术的主要内容 ······························· 2
1.2.1　设备健康监测与故障诊断的技术体系 ······························ 2
1.2.2　健康监测与故障诊断技术的分类 ····································· 2
1.2.3　健康监测与故障诊断的实施过程 ····································· 4
1.2.4　健康监测与故障诊断系统的组成 ····································· 5
1.3　设备健康监测与故障诊断技术的发展与应用 ·························· 6
1.3.1　健康监测与故障诊断的发展历史、现状 ··························· 6
1.3.2　健康监测与故障诊断技术的应用 ····································· 7

第2章　设备健康监测与故障诊断的理论基础

2.1　故障诊断的理论基础 ·· 9
2.1.1　故障的定义和分类 ··· 9
2.1.2　故障机理 ··· 10
2.1.3　形成故障的外部因素 ··· 12
2.1.4　故障发生的规律 ··· 14
2.1.5　设备状态及其演变 ··· 14
2.1.6　故障迹象及其特征参量 ·· 16
2.2　信号处理和分析基础知识 ·· 17
2.2.1　信号的定义及分类 ··· 17
2.2.2　信号的幅值域描述及分析 ··· 21
2.2.3　信号的时域描述及分析 ·· 25
2.2.4　信号的频域分析 ··· 28
2.2.5　信号采集与处理 ··· 30

第3章　设备健康监测与诊断实施技术

3.1　振动监测与诊断技术 ·· 38

3.1.1　机械振动的分类 ··· 38

3.1.2　振动测试传感器 ··· 40

3.1.3　振动监测及标准 ··· 47

3.2　温度监测与诊断技术 ··· 47

3.2.1　热电偶及热电阻接触式测温 ······················· 48

3.2.2　红外测温技术 ··· 48

3.3　油污染监测与诊断技术 ······································ 51

3.3.1　油样分析技术的基本原理 ·························· 51

3.3.2　油样分析技术 ··· 51

3.4　无损检测技术 ··· 55

3.4.1　超声检测 ··· 55

3.4.2　射线检测 ··· 56

3.4.3　磁粉检测 ··· 56

3.4.4　渗透检测 ··· 57

3.4.5　涡流检测 ··· 57

3.5　综合诊断技术 ··· 58

第4章　典型零部件的健康监测与诊断

4.1　滚动轴承的健康监测与诊断 ······························· 59

4.1.1　滚动轴承基本结构及其分类 ······················· 59

4.1.2　滚动轴承的主要损伤类型 ·························· 60

4.1.3　滚动轴承的振动机理及特征 ······················· 61

4.1.4　滚动轴承的振动监测 ································· 63

4.1.5　滚动轴承的其他监测与故障诊断方法 ·········· 64

4.1.6　案例分析 ··· 65

4.2　齿轮箱健康监测与诊断 ······································ 66

4.2.1　齿轮箱的分类及基本结构 ·························· 66

4.2.2　齿轮箱中零部件常见的损伤形式 ················ 66

4.2.3　齿轮箱振动分析方法 ································· 68

4.2.4　齿轮箱典型故障振动特征 ·························· 70

4.2.5　齿轮箱故障诊断方法 ································· 74

4.2.6　案例分析 ··· 75

第5章　旋转设备健康监测与诊断

5.1　旋转设备振动监测与诊断基础 ····························· 79

5.1.1　旋转设备振动分类 ··· 79

5.1.2　旋转设备振动特征参量 ································· 80

5.1.3　旋转设备振动监测 ··· 82

5.1.4　振动监测标准 ··· 84

5.1.5　旋转设备振动故障常用分析方法 ················ 84

5.2　转子动力学基础 ··· 87

5.2.1　转子临界转速 ·· 87

5.2.2　转子放大因子 ·· 89

5.3　转子不平衡故障机理与诊断 ·· 91

5.3.1　不平衡的故障机理 ·· 91

5.3.2　不平衡的分类 ·· 91

5.3.3　不平衡的故障特征及诊断 ·· 92

5.3.4　转子不平衡的故障原因分析及维修措施 ·································· 93

5.3.5　转子不平衡的后果及转子平衡 ·· 94

5.3.6　案例分析 ·· 95

5.4　不对中故障机理与诊断 ·· 99

5.4.1　不对中的分类 ·· 99

5.4.2　不对中的故障机理 ··· 99

5.4.3　不对中的故障特征及诊断 ·· 100

5.4.4　转子不对中故障原因与维修措施 ·· 101

5.4.5　案例分析 ··· 101

5.5　弯曲故障机理与诊断 ·· 104

5.5.1　弯曲的分类 ··· 104

5.5.2　弯曲的故障机理 ·· 104

5.5.3　弯曲的故障特征及诊断 ·· 104

5.5.4　转子弯曲的故障原因与维修措施 ·· 105

5.6　偏心故障机理与诊断 ·· 105

5.6.1　偏心的故障机理与分类 ·· 105

5.6.2　偏心的故障特征 ·· 105

5.6.3　案例分析 ··· 106

5.7　松动故障的机理与诊断 ·· 107

5.7.1　松动故障分类 ··· 108

5.7.2　松动的故障机理及振动特征 ·· 108

5.7.3　支撑系统松动的故障原因与维修措施 ···································· 109

5.7.4　案例分析 ··· 110

5.8　动静碰摩故障的机理与诊断 ·· 112

5.8.1　动静碰摩的振动机理 ·· 112

5.8.2　动静碰摩的故障特征与诊断 ·· 113

5.8.3　动静碰摩的故障原因与维修措施 ·· 113

5.8.4　案例分析 ··· 113

5.9　油膜轴承油膜涡动和振荡的机理与诊断 ·································· 115

5.9.1　动压轴承工作原理 ·· 116

5.9.2　油膜涡动机理 ··· 116

5.9.3　半速涡动与油膜振荡 ·· 117

5.9.4　油膜涡动与油膜振荡的特征 ·· 119

5.9.5　油膜涡动与油膜振荡的诊断 ·· 119

5.9.6　油膜振荡的危害及维修措施 ·· 119

5.9.7　案例分析 ··· 120

5.10　旋转失速与喘振 ·· 122

5.10.1　旋转失速与喘振的机理 ·· 122

5.10.2　旋转失速与喘振的特征及诊断依据 ······································ 123

5.10.3　旋转失速与喘振的危害 ·· 124

5.10.4　旋转失速与喘振产生的原因及维修措施 ································ 124

5.10.5　案例分析 ·· 124

第6章　在线监测与智能诊断

6.1　在线监测技术 ··· 127

6.1.1　在线监测技术概述 ·· 127

6.1.2　在线监测系统的组成及功能 ·· 127

6.1.3　典型在线监测系统简介 ·· 128

6.2　专家系统及智能诊断 ·· 132

6.2.1　专家系统及其在故障诊断中的应用 ·· 132

6.2.2　设备故障的神经网络诊断技术 ·· 135

6.2.3　设备故障的模糊诊断技术 ·· 140

6.2.4　设备故障的灰色诊断技术 ·· 142

6.2.5　设备故障的支持向量机技术 ·· 143

参考文献

第1章 绪 论

1.1 设备健康监测与故障诊断的定义

"健康监测与故障诊断"的概念源自仿生学。人从出生到死亡的整个生命周期中，由于各种因素，如遗传因素、生长发育因素、外界干扰因素、老化因素等，会出现感冒、发热等不舒服症状，需去看医生，医生在询问病史的基础上，通过一些监测检测手段，获得人的健康状况信息，再结合医生所掌握的病理知识，诊断是否健康，若不健康会是什么问题、何处问题、什么原因，然后医生开出处方，给予及时的医治。随着社会的发展和生活水平的提高，没出现不舒服的症状时，也需通过体检或检查来定期监测，来诊断人的健康状况并预测潜在的问题。

同样的，泵、压缩机、风机、涡轮机、电机等机械设备，在规划、设计、制造、检验、安装、运行、维护直至因设备功能完全丧失而最终报废的整个"生命周期"中，由于各种不可靠因素的存在，如规划不合理、设计不可靠、材料选择及加工制造不可靠、安装不可靠、运行维护问题、自然老化等因素，这些设备也会像人一样，经历各种"不舒服"的症状，如振动过大、温度过高、磨损加剧、裂纹增大、输出参数发生变化等，最终导致设备故障，而设备的故障会导致事故，造成财产损失和人员的伤亡。因此，像人一样，在设备运行过程中需要通过一些监测检测手段来获得设备的健康信息，根据获得的信息诊断设备的健康状况，诊断是否健康，若不健康会是什么问题、何处问题、什么原因，然后由工程师或者专家系统开出"处方"，给予及时的"医治"。随着设备大型化、复杂化和自动化程度的提高，无论设备有无故障，正常运行时，也需在线连续监测或定期监测设备的状态信息，从而诊断设备的健康状况并预测潜在的问题。这一过程就是设备的健康监测与故障诊断，也称之为设备的状态监测与故障诊断。

可见，健康监测与故障诊断技术是一种在机械设备不需停机和拆卸的情况下，在设备运行或相对静止的条件下，利用在线或离线监测仪器或设备，通过对所测的信号进行处理和分析并结合诊断对象的历史状况，来定量判别其整体和局部是否正常，早期发现故障及其原因，并预报故障发展趋势和确定必要对策的技术。通俗地说，通过健康监测与故障诊断技术，可以及时了解和掌握设备在使用过程中的"健康状况"，判断设备是否处于"健康状态"，并对其未来的"病情发展"进行预测，给出合理的"治疗建议"，前者称之为设备的健康监测（Health Monitoring）或状态监测（Condition Monitoring），后者称之为设备的诊断或故障诊断（Fault Diagnosis）。健康监测与故障诊断既有区别又有联系，没有监测就没有诊断，诊断是目的，监测是手段；监测是诊断的基础和前提，诊断是监测的最终结果。

在诊断的基础上对设备维护维修，这种维修方式属于预测性维修。预测维修制度的主要优点是：由于维修是依据健康监测和故障诊断结果，在所形成的维修决策指导下进行的，因而既可控制在定期维修中因"维修过剩"而造成的费用上升，也可防止在事后维修中因"不足维修"而导致的事故。

1.2 设备健康监测与故障诊断技术的主要内容

1.2.1 设备健康监测与故障诊断的技术体系

医生需掌握病人生病的机理、疾病发展的规律、获得病人健康状态信息的技术、诊断病人病情的技术及治疗技术等。同样的，要实现对设备的健康监测与故障诊断，也需掌握设备故障的机理、故障发生的规律、获得健康状态信号的技术、故障诊断技术及故障修复技术等。因此，健康监测与故障诊断的技术体系包括基础理论部分、实施技术部分、故障诊断实施装置及实施对象部分等。

设备监测与故障诊断的基础理论部分包括故障的机理、故障的规律、故障的状态、故障的分析理论、信号分析与处理的基础理论等，这些基础理论为健康监测与故障诊断技术提供了科学的理论依据。设备健康监测与故障诊断的实施技术包括振动诊断技术、温度诊断技术、污染诊断技术、无损诊断技术、综合诊断技术等。这些健康监测与故障诊断实施技术是构成该技术体系的主体，也是健康监测与故障诊断技术建立与发展最重要的基础。实施装置包括信号采集、特征提取、状态识别、趋势分析、诊断决策形成、计算机辅助检测与诊断系统以及健康监测与故障诊断专家系统等专用装置和系统等，这些专用装置和系统为健康监测与故障诊断技术的实施提供了必要的实施手段。实施对象包括泵、压缩机、风机、涡轮机等动设备，轴承和齿轮箱等部件及容器、管道等静设备。

设备健康监测与故障诊断技术是一门新兴的、多学科交叉发展的技术。该技术除了故障机理的研究得益于数学、物理学、力学、声学、化学等基础学科的发展之外，还从传感技术、信号处理、自动控制、人工智能、计算机技术的发展中得到支持。近年来，随着电子计算机技术、现代测试技术、信号分析和处理技术的迅速发展，加之各种相关学科的相互渗透、相互交叉和相互促进，健康监测与故障诊断的技术体系日臻完善。健康监测与故障诊断的技术体系目前已发展成为一个既有学科核心，又"软、硬件"齐全的完整体系，如图1-1所示。

1.2.2 健康监测与故障诊断技术的分类

设备健康监测与故障诊断技术的分类方法很多，但主要是根据诊断对象、实施技术的不同等进行分类。如根据健康监测与故障诊断的对象不同，可以分为旋转机械健康监测与故障诊断，往复机械健康监测与故障诊断，齿轮、轴承等部件健康监测与故障诊断等。

设备的健康监测与故障诊断技术就是设备在运行过程中利用监测和检测手段来获得振动、噪声、温升、磨损量等相关参数的信息，从这些信息中提取故障信息，并作出正确的判

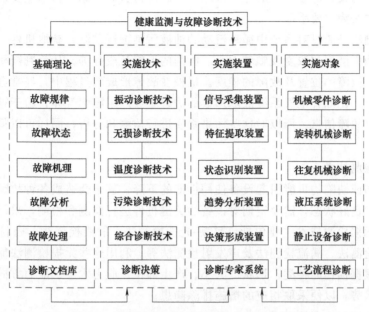

图 1-1　健康监测与故障诊断技术的基本体系

断。根据监测物理参数的不同及实施的技术不同，健康监测与故障诊断技术可分为振动监测与诊断、噪声监测与诊断、温度监测与诊断、油污染监测与诊断、无损检测、综合监测与诊断技术等。

（1）振动监测与诊断技术

振动是设备运行过程中表征是否健康的重要参数。当设备有故障时，往往会以振动过大表现。通过监测振动变量，如振动位移、速度、加速度、频率、相位等，从而判断设备的健康状况。由于振动在不同程度上反映了设备的特性和它们所处的工作状态，因此振动监测技术是最普遍、最有效的健康监测与故障诊断技术之一。

（2）噪声监测与诊断技术

声音也是设备运行过程中常伴随的参量。当设备运行不正常或有故障时，会伴随有噪声过大的现象。噪声监测与诊断技术是指利用噪声测量和振动测量及它们的分析结果来识别机械设备故障的技术。

（3）温度监测与诊断技术

一般来说，温度异常是机械设备故障的典型信号，利用这种热信号，可以查找出机件缺陷和诊断各种热应力引起的故障。温度诊断主要是以温度、温差、温度场、热像等热力参数为检测目标。根据故障热信号获取方式的不同，温度诊断可分为被动式和主动式两类。被动式温度诊断是通过机件自身的热量来获取故障信息；主动式温度诊断是通过人为的给被测机件注入一定的热量后，再获取其故障信息。

目前红外、光纤、激光等测温技术已成熟地应用于各种领域来进行温度诊断。温度诊断不仅可用于查找机械的各种热故障，而且还可以弥补射线、超声、涡流等无损检测方法的不足，并可以探测机件内部的各种故障隐患。

（4）油污染监测与诊断技术

污染诊断以设备在工作过程中或故障形成过程中所产生的固体、液体和气体污染物为监测对象，以各种污染物的数量、成分、尺寸、形态等为监测参量。目前主要以油污染监测法和气体污染监测法为主要手段。

油污染监测法是通过对系统中循环流动的油液污染进行监测，获取机件运行状态的有关信息，如润滑油中磨削的浓度及颗粒大小、磨削的形貌及成分等，从而判断机械设备的污染性故障的机理、故障的位置及故障的程度。机械在故障形成的过程中，经常会产生各种气体或者液体污染物，比如，电气系统故障形成的过程中会产生溶解气体，由于这些气体污染物质本身也携带有故障信息，所以对这些污染物质进行监测和分析，同样可以得到机械设备所处的技术状态。

(5) 无损检测技术

设备的损伤或缺陷均可能引起设备使用性能的下降，甚至会造成各种故障。因此，为保证使用中设备的良好状态，需要定期对设备的关键机件进行监测和检测，采用的主要方法是无损检测法。无损检测技术主要包括：目视-光学检测法、射线检测法、磁粉检测法、渗透检测法、超声检测法、涡流检测法及声发射检测法等。利用这些无损检测法能发现零件损伤或缺陷，并且根据损伤的种类、形状、大小、产生部位、应力水平、应力方向等信息，来预测损伤发展的趋势，以便采取相应的措施排除隐患。

(6) 综合监测与诊断技术

很多大型机组是多个机械设备联合工作的系统，如石化行业的烟汽轮机组，包括烟机、风机、增速机、电动机、汽轮机等，承受着机械、电气、热力等多种变化作用，且工况常随着生产需要而变化。每个构成部件的故障都会使整机运转失常，直到被迫停机。因此使用单一的分析方法，很难准确诊断。这时，应采用多种方法进行综合分析，包括振动、油污染、温度、工艺参数等的相互关联分析，如对烟机、压缩机一类设备，热状态对机组运行影响甚大，热成像的温度监测分析能起到很重要的作用。通过热成像温度监测，可直观地发现偏心、隔板歪斜、保温不均、基础冷却水系统故障等一系列足以使机组发生热变形的因素。通过综合分析，结合信息融合，提高故障诊断信息量的研究水平，也可为开发新的诊断方法提供必要的原始数据。

此外，按照监测方式的不同，健康监测还可分定期监测和连续监测、在线监测和离线监测、直接诊断和间接诊断等。

1.2.3　健康监测与故障诊断的实施过程

设备健康监测与故障诊断技术的实施过程类似于医生给病人"检查病情、诊断病因"的过程，在实施过程中包括以下几个关键部分。

(1) 状态信号的获得

状态信号是设备异常或故障信息的载体，选用一定的监测、检测方法和系统，采集最能表征诊断对象健康状况的信息，是设备健康监测与故障诊断技术实施的前提。能够真实、充分地采集到数量充足、客观反映诊断对象健康状况的信息，是故障诊断成功的关键和基础。随着传感技术和信息技术的飞速发展，健康监测与故障诊断系统正在不断向集成化和智能化方向发展，目的是为了实现设备机组健康与能效监测的智能化。通过智能监控，可以提高运行安全性、改善维护计划、减少运营成本并合理安排机组启停调度，从而达到高效安全运行。

（2）故障特征信息提取

所采集到的、能够表征诊断对象运行时的原始状态信号称为初始模式。初始模式中的故障信息混杂在大量的背景噪声中，为提高诊断的灵敏度和可靠性，必须采用信号处理技术，在状态信号中排除噪声、干扰的影响，提取有用的故障信息，以突出故障特征。同时，由于耦合故障时有发生，导致故障信息提取难度增加，采用多参数、多信息融合方法进行多参数监测，综合诊断设备的健康和能效状态，可以提高特征信息提取的准确性。

（3）健康状态识别

故障诊断是一个典型的模式识别过程，而诊断时所采用标准谱数据库中的各种故障样板模式就是进行健康状况识别的基础。所谓的健康状况识别，是指将待检模式与标准库中的样板模式进行对比，并将待检模式归属到某一已知的样板模式中的过程。由此便可判定诊断对象所处的状态模式是否健康，并预测其可靠性和状态的发展趋势。

诊断用标准谱数据库是一种事先编制好的，表征各种有关诊断对象不同性质的故障、不同故障部位以及不同故障程度的各种征兆的集合。这种故障标准库是通过模拟典型故障，并提取其特征信息，确立各类故障的样板模式；或是在工程实践和工程案例的积累的基础上建立的诊断文档库。

建立诊断用标准谱数据库的方法有：根据现场在线监测数据的长期积累、实验室实验研究和分析、计算机辅助实验等。由于用现场监测数据的长期积累方法建立数据库的周期太长，而用实验室实验研究和分析方法建立数据库又需花费很大的人力、物力和资金，因此使用计算机辅助实验方法建立标准谱数据库的方法在故障诊断中有着特殊的地位。不论采用哪种方法建立标准谱数据库，都离不开事先对同类型诊断对象的正常状况和各种故障进行的大量试验、观察、分析、统计和归纳，从此基础上建立起相应的诊断用标准谱数据库。诊断用标准谱数据库是识别故障的可靠依据。可见建立诊断用标准谱数据库是实施故障诊断所不可或缺的重要环节之一。随着人工智能技术的发展，基于机器学习的智能诊断是将来设备健康监测与故障诊断的发展趋势。

同时，通过应用工业互联网、物联网、云计算及大数据等技术，实现设备的在线远程监控已成为可能。远程在线专家故障诊断平台的普及，也让故障诊断的效率和准确性得到极大的提升。通过企业服务器或者云端，实现允许访问终端间的数据交互及在线协同故障诊断，可以保证快速有效并且准确的诊断结果。相比传统的离线数据分析及故障诊断，诊断的效率有了很大提升，并且由于多人协同诊断，使诊断的准确性得到了保证。

（4）设备维修决策（诊治方法）形成

当识别出异常或故障状态后，必须进一步对异常或故障的原因、部位和危险程度进行评估，以便研究和确定维修决策的具体形式，如临时维护方案，加强监视方案以及停机大修、方案等。

1.2.4 健康监测与故障诊断系统的组成

在现代化的健康监测与故障诊断技术中，为完成上述诊断实施过程，必须采用建立在计算机技术基础上的高度自动化、智能化的装置。目前，各种高效、可靠、适用、方便的监测和诊断系统已进入实用阶段，而其中以微机为主体的诊断系统正逐渐成为精密诊断技术中的主导形式。健康监测与故障诊断系统主要是由硬件和软件两大部分组成。

硬件部分主要由信号获取、信号处理和诊断以及输出控制等三个部分组成。信号获取部分包括各种传感器，二次仪表及信号、数据记录装置。信号处理及诊断部分主要由模拟信号输入接口、抗混滤波器、电平信号放大器、A/D 变换器及微型计算机系统组成。模拟信号输入接口为多通道模拟信号输入控制板，便于将外界信息引入计算机；抗混滤波器保证进入处理系统的信号频谱被限制在采样频率所允许的最高频率之内，以免产生混叠误差；电平信号放大器适应 A/D 变换器只能转换一定量程范围内的信号要求，调整输入模拟信号的电平，并对信号进行放大；A/D 变换器把输入模拟信号转换成时间上离散、幅度上量化的数字序列，以供计算机处理；微型计算机系统则完成数字信号处理和诊断的各种逻辑运算和逻辑判断工作，是系统的基本环节。输出控制部分有模拟量输出和数字量输出两种，前者须经过 D/A 变换、平滑滤波，再用绘图仪或显示器输出结果，或直接输出保护及控制信号；后者则可直接利用显示器、宽行打印等输出，还可连到更大系统，以做进一步分析处理。

健康监测与故障诊断系统软件主要有管理软件、文档软件、信号采集和处理软件以及故障诊断和健康状态评价软件等。管理软件的功能是统筹与协调信息交换，文档的建立、修改、调用，信号采集、处理软件的选择、调用，故障诊断与状态评价软件的调用，监测过程的管理及输入输出方式的选择等。文档软件的功能是完成自动搜索敏感区、设置门槛值、特征值，存入有关诊断方案的操作步骤提示和运行参数，存入诊断过程和使用方法的文字说明，以及存入诊断结果的输出内容和格式等。信号采集和处理软件的功能是采集合适的信号样本，对其进行各种分析处理，提取故障特征信息等。故障诊断和健康状态评价软件的功能是对信号处理结果进行比较、判断，并依据一定的判断规则得出诊断结论，或由系统自动地诊断出状态水平和各种故障存在的倾向性及严重性，或是结合其他条件全面做出判断和决策。

智能化健康监测与故障诊断系统是建立在传统健康监测与故障诊断系统之上的，在采集、特征量归一化及滤波之后，根据预设的状态曲线设定报警阈值。当监测到状态曲线穿过阈值线时，触发数据驱动的趋势预测模块。预测模块首先会进行监测数据的时间序列重构，之后会采用非线性回归模型做出设备的健康衰减轨迹预测，最后评估设备剩余的使用寿命曲线及其置信区间。

智能化的健康监测与故障诊断系统包含了智能报警功能和智能预测功能，其中预测的内容可以是剩余寿命预估、安全系数预估、缺陷位置预估以及缺陷种类预估等。随着人工智能技术的发展，基于机器学习的智能诊断也是未来设备健康监测与故障诊断的发展趋势。

1.3 设备健康监测与故障诊断技术的发展与应用

1.3.1 健康监测与故障诊断的发展历史、现状

健康监测与故障诊断技术习惯称为状态监测与故障诊断技术，该技术是 20 世纪 60 年代初开始发展的，其发展和人类对设备的维修方式紧密相连。自 18 和 19 世纪以蒸汽机和电动机为代表的二次工业革命以来，设备的维护维修制度经历了三个阶段，即事后维护或（维修）（Breakdown Maintenance，BM）、定期维修（Time-based Maintenance，TBM）以及预测维修（Predictive Maintenance，PM）。

事后维修是让机械设备运转到发生故障停机后再进行修理的一种维修制度。一般适用于机械设备结构相对简单、价格不高、具有多套生产线、发生事故损失不大或有备用机组的条件下，有时也用于机械设备价格较贵，但其生产产品价格更高的场合。工业革命后相当长的时间内，由于当时的生产规模、设备的技术水平和复杂程度都较低，设备的利用率和维修费用未引起人们的重视，人们对设备的维修方式基本上是事后维修。20 世纪以后，由于生产的发展，尤其是流水线生产方式的出现，设备本身的技术水平和复杂程度都大大提高，设备故障对生产的影响显著增加，便出现了定期维修，以便在事故发生之前加以处理。

定期维修是按照预定的时间间隔或检修周期来进行计划修理的一种维修制度。这种维修制度是建立在机械设备故障率统计分析基础上的，但又考虑到机械设备在不同运行条件下劣化速度有所差异等原因，如将检修间隔期定得较长，会因劣化速度的差异而出现故障，因而通常检修周期远小于最短故障周期，以保证不出现设备损坏的严重故障。但是，使尚能继续运行的机械设备停机检修，既减少了产量，又增加了维修工作量和维修费用，造成所谓"维修过剩"。这些不仅增加了维修成本费用，还影响正常的连续生产。此外，由于机械设备每次定期修理之后，都要经过初期故障阶段，往往使设备达不到预期的可靠性。因此，无论是从保持设备的可靠性，或是从减少维修工作量、节约维修费用等方面来看，定期维修明显是不合理的。

20 世纪 60 年代初，美国等国家意识到定期维修的一系列弊病，开始将定期维修转变为预测维修，开始了状态监测与故障诊断的研究，成立了相关组织，从事故障机理研究、检测诊断技术研究、可靠性分析研究以及耐久性评价等。该预测维修方式最早应用在航空领域中，基于可靠性维修管理的基础，普遍地对飞机进行健康监测，大大提高了飞行的安全性。之后状态监测与故障诊断技术逐步由航空等领域向工业领域应用，并得到较大的发展。

许多工业国家为状态监测与故障诊断技术的发展做了大量的研究工作。在状态监测技术的理论研究、诊断技术研究及仪器开发等方面，欧美国家起步较早，日本和中国的状态监测与故障诊断技术起步较晚，但在国家支持、行业和部门的配合、高校和研究单位的共同努力下，我国以比较快的步伐跨过了起步阶段，使许多诊断技术相继进入实用阶段。

随着电子计算机技术、现代测试技术、信号处理技术以及信号识别技术等现代科学技术不断向故障诊断技术领域渗透，使健康监测与故障诊断技术逐渐跨入了实用系统化和产业化的时代。多年来，设备健康监测与故障诊断技术取得了长足的发展。

机械故障诊断理论与技术已成为国内外的研究热点，全球工程和科研领域工作者在信号获取与传感技术、故障机理与征兆联系、信号处理与特征提取、识别分类与智能决策等方面开展了积极的探索。目前，对于机械设备中期、晚期较为明显的故障已形成一系列较为成熟有效的健康监测与故障诊断手段，但是在早期微弱故障诊断、寿命预测方面仍存在研究难题。随着信息技术及人工智能技术的发展，设备健康监测与故障诊断技术的苛刻工况微弱信号的获得、多故障耦合的解耦、智能化诊断、基于状态信息的设备运行过程中剩余寿命预测和状态评估将是未来发展的方向。

1.3.2　健康监测与故障诊断技术的应用

健康监测与故障诊断技术广泛应用石化、电力、冶金等行业。

(1) 石化行业

泵、压缩机、风机和汽轮机等设备是石化行业连续生产的主要设备，这些设备具有大型化、生产连续化、结构复杂化、故障多样化等特点，一旦有故障造成停机，会导致石化行业的巨大损失。所以石化行业是我国开展设备状态监测与故障诊断工作最早的行业，也是应用最成功的行业之一。大、中型企业普遍采用了健康监测与故障诊断技术，监测和诊断技术水平普遍较高，大部分设备故障都能够得到预报和妥善处理，提高了关键设备安全连续运行的周期，检修时间和费用大大降低，实现了系统效率最大化，提高了系统的可靠性和安全性，经济效益提高非常明显。

（2）冶金行业

冶金行业在开展设备健康监测与故障诊断工作方面采取了积极稳妥的步骤，冶金行业重点对烧结风机、制氧站空压机及高炉风机等关键设备进行监测分析，成效显著。此外在建立设备诊断研究室、设备现场测试服务等方面都得到较大的发展。如宝钢集团有限公司投入巨资建立统一监控和管理的能源中心，优化各工艺单元的能源利用率，在能源管理与节能减排上取得了一定的效果。

（3）电力行业

水电、火电行业重点在大机组上开展设备健康监测与故障诊断工作，并充分组织和发挥大区供电局、电力科学研究院、电力研究所和热工所的作用，开展了许多设备健康监测与故障诊断技术的试验研究工作，其中大型发电机组健康监测与故障诊断技术、红外热成像技术、转子绕组匝间短路检测技术等应用效果良好，效益明显。

在核电方面，核反应堆是核电站的核心设备，为了防患于未然，我国已利用中子噪声频谱分析技术对反应堆结构上的缺陷、安装配合不良以及堆芯部件的异常振动进行监测和诊断，保证了反应堆的正常运行及核电站设备的安全，对核电机械设备状态监测与故障诊断研究也积累了一定的经验，但对于安全、可靠和智能化的核电设备实时健康监测和故障诊断技术有待进一步深入研究。

（4）航空、航天领域

在航空方面，被誉为"工业之花"的航空发动机是飞机的心脏，在飞行过程中需要监测的参数众多，全部信息被送到诊断中心进行分析，然后做出决策，在发动机发生故障之前，消除不安全因素，以保证安全飞行。在航天方面，随着各国太空资源的竞争，中国的航天事业"三步走"战略也在稳步推进，健康监测和故障诊断系统也广泛用于人造卫星、飞船的维护与安全运行。

以上仅是健康监测与故障诊断技术几个方面的应用，此外，健康监测与故障诊断在军事、农业、矿山机械等方面也都得到了广泛应用。随着科学技术和社会的发展，健康监测与故障诊断技术将应用得越来越广泛。

第2章 设备健康监测与故障诊断的理论基础

对机械设备的健康监测与故障诊断犹如对人体健康的监测与疾病诊断一样，需要有大量实践经验的积累和总结，更需要有理论上的依据。健康监测与故障诊断的基础理论包括故障诊断技术的理论基础和信号分析及处理的理论基础。故障诊断技术的理论基础是研究设备的故障机理、故障状态、故障规律、故障迹象及诊断方法等；信号分析及处理的理论基础包括信号的定义、信号的获得、信号的分析和处理等。设备健康监测与故障诊断是在研究基本理论的基础上，利用健康监测所获取的信息，来判断机械设备的健康状态。因此，健康监测与故障诊断技术的理论基础是实施健康监测与诊断的重要基础。

2.1 故障诊断的理论基础

2.1.1 故障的定义和分类

一般情况下，设备在生产和使用过程中，因某些原因，"丧失其规定功能"的现象，称为故障或失效。"故障"和"失效"在一般情况下是同义词。其中，"失效"的具体含义是指：不可修复产品"丧失了其规定功能"。因此，对失效的机件一般作报废处理，不能重复使用。"故障"的具体含义是指：可修复产品"丧失了其规定功能"。

由于机械设备多种多样，因而故障的机理、形式及外部原因等也不同，故障的种类也有所不同，须对其进行分类研究。故障分类的形式主要有以下几种。

（1）按故障发生的原因分类

按故障发生的原因，可分为外因故障和内因故障。外因故障是由操作人员操作不当，在违反相应规章制度的情况下操作机械设备，如调节系统的误动作、设备的超速运行等造成的故障，通常称为广义的人为故障。而内因故障是设备在运行过程中，因机械服役期间长时间的使用，在各种因素的影响下，因零件发生磨损、疲劳、腐蚀、蠕变以及金属材料金相变化等，或因设计或生产方面存在的潜在隐患而造成的故障。如设备上的薄弱环节、制造上残余的局部应力和变形、材料的缺陷等都是潜在的因素，这种故障通常与时间相关，也称为劣化故障。

（2）按故障持续的时间分类

按故障持续的时间，主要分为暂时性故障和永久性故障。暂时性故障带有间断性，是在一定条件下，系统产生功能上的故障，通过调整系统参数或运行参数，不需要更换零部件即可恢复系统的正常功能。永久性故障是由某些零部件损坏而引起的，必须经过更换或修复后才能消除的故障。

（3）按故障发生、发展的速度分类

按故障发生、发展的速度，主要可分为突发性故障和渐进性故障。突发性故障是在无明显征兆的前提下突然发生的故障，这类故障发生时间很短暂，一般带有破坏性，难以靠早期试验或测试来监测和预测，如转子的断裂、人员误操作的损毁等属于这一类故障。渐进性故障是设备在使用过程中某些零部件因疲劳、腐蚀、磨损等而性能逐渐下降，最终超出允许值而发生的故障，这类故障占有相当大的比重，具有一定的规律性，能通过健康监测和故障诊断来预防。以上两种类别的故障虽有区别，但彼此之间也可转化，如零部件磨损到一定程度也会导致突然断裂而引起突发性故障，这一点在设备运行中应予注意。

（4）按故障是否发生分类

按故障是否发生，可分为实际故障和潜在故障。实际故障是实际已发生的故障，而潜在故障是指有可能发生的故障，该类故障通过有效的预防措施是可以避免的。

（5）按故障危害性分类

按故障危害性，可分为破坏性故障与非破坏性故障。破坏性故障是指突发性的、永久性的故障，故障发生后往往危及设备和人身安全。非破坏性故障一般是渐进性的、局部性的故障，故障发生后暂时不会危及设备和人身的安全。

2.1.2　故障机理

故障的发生与发展过程，主要由元件或设备的内在条件决定。但是元件或设备工作的外部因素可以加快或延缓故障的发生。所以，故障的发生、发展机制，应当是外部因素和内在条件综合作用的结果。

设备故障的内因，即导致机械故障的机制，称为故障机理，它揭示了故障的形成原因和发展规律，通常可分为磨损、变形、断裂、裂纹和腐蚀等。

（1）磨损

磨损是机件失效，进而导致设备故障的主要形式。磨损是伴随着摩擦而产生的现象，摩擦是磨损的原因，磨损是摩擦的必然结果，润滑是降低摩擦和减小磨损的措施。按磨损机理，磨损可分为：磨料磨损、黏着磨损、疲劳磨损、微动磨损和腐蚀磨损等。

① 磨料磨损　磨料磨损是最常见的，也是危害最为严重的一种磨损形式。磨料指的是硬质颗粒或硬质凸出物，元件表面在与磨料发生摩擦的过程中，引起材料脱落的现象，称为磨料磨损。

根据摩擦表面所受应力和冲击大小，磨料磨损可分为凿削式、高应力碾碎式和低应力擦伤式等三种。影响磨料磨损过程的因素主要有：材料的物理机械性能与成分、磨料的硬度和粒度。

② 黏着磨损　两个相对运动的接触表面，由于固相焊合作用，导致接触面金属损耗的现象，称为黏着磨损。黏着磨损可以描述为：两个相互接触表面的微凸处，因接触压力很

大，产生变形，使金属表面膜破裂，出现纯净金属面接触，导致固相焊合，形成黏着点，相对运动时，黏着点被剪切，部分金属撕脱，重复出现黏着-剪切-撕脱，直至造成严重故障为止。

黏着磨损根据产生条件的不同，可以分为热黏着磨损和冷黏着磨损。根据黏着点与摩擦表面的破坏程度，黏着磨损可分为轻微磨损、涂抹、擦伤、胶合和咬死五种情况。轻微磨损是剪切破坏发生在黏着结合面上，表面转移材料极轻微，黏着结合强度比摩擦副的两基体金属都弱，缸套-活塞环的正常磨损属轻微磨损；剪切破坏发生在离黏着表面不远的较软金属浅层内时，软金属涂抹在硬金属表面，黏着结合强度大于软金属的剪切强度；剪切破坏发生在摩擦副一方或两方金属较深处时，产生胶合，黏着结合强度大于任一基体金属的剪切强度，剪切应力高于黏着结合强度；当摩擦副之间咬死时，不能相对运动，黏着结合强度比任一基体金属的剪切强度都高，而且黏着区域大，剪切应力低于黏着结合强度。

③ 疲劳磨损　疲劳磨损是循环应力周期性地作用在表面上，使表面材料疲劳而发生微粒脱落的现象。在齿轮副、滚动轴承中经常发生这种磨损。由于是循环交变应力长期作用的结果，因而由此引起的故障，绝大部分是渐进性故障，它的形成过程有一定的规律性。因此，可以根据疲劳磨损损伤的表面特征，去推测形成的机理，具有明显的、快速的可判断性。如裂纹起源于表面的疲劳磨损，其裂纹的扩展阶段一般比较快，磨屑大多呈片状，断口颜色也比较暗；又如润滑条件好、摩擦力小、材质较好的接触表面，其疲劳磨损的裂纹扩展就比较缓慢，因而断口比较明亮。

④ 微动磨损　两个接触表面之间没有相对运动，在外界交变载荷作用下出现小振幅范围的相对运动。因此而引起的磨损现象称为微动磨损。微动磨损是发生在相对静止的零部件间，如搭接接头处、键联结处、过盈配合轮与轴、螺栓联结处等。微动磨损的形成过程可描述如下：两接触面的接触压力使结合表面的微凸体产生塑性变形，当足够大时，会发生金属的黏着。在外界小振幅振动的反复作用下出现黏着点剪切，黏附金属脱落，剪切处表面被氧化。由于两表面是紧密配合的，磨屑很难排出，因而成为"新的"磨料，加快了微动磨损的进程。这样循环不止，最终导致零件表面损坏。当交变应力足够大时，微动磨损处会成为疲劳裂纹的核心，可能引起零件的断裂。出现微动磨损后，在其表面上出现麻点或沟痕，并在周围有腐蚀物质的生成。这些缺陷的存在，不仅使配合精度下降、紧配合的组合件和联结体变松，严重时也会形成疲劳核心，最后导致断裂。微动磨损模型如图 2-1 所示。

⑤ 腐蚀磨损　在摩擦过程中，金属同时与周围介质产生化学反应或电化学反应，使腐蚀和磨损共同作用而导致零件表面物质损失的现象，称为腐蚀磨损。腐蚀磨损是一种典型的化学-机械复合形式的磨损过程。

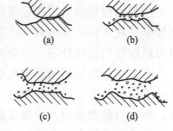

图 2-1　微动磨损的模型

腐蚀磨损主要是受腐蚀介质的影响，其磨损速率与材料性质、滑动速度、载荷、润滑条件、钝化膜的性质等因素有关。

(2) 变形

变形分为弹性变形和塑性变形，外力作用使两原子靠近或分开，必须克服相应的斥力和引力，当力被去除后，原子又回到原来的位置，这种变形叫弹性变形；在外力作用下，当应力超过屈服强度时，就发生一种不可逆的变形，外力增加导致变形增加，断裂时变形达到最大，这种变形叫塑性变形。

（3）断裂

在应力、温度及介质的共同作用下，机械分成两个或几个部分的现象称为断裂。按受力状态和环境介质不同分为静载断裂、环境断裂和疲劳断裂。静载断裂是指机件在静载荷（一次冲击或恒定的载荷）作用下发生的断裂，包括静拉伸、静压缩、静弯曲、静扭转断裂等。环境断裂是指机件与某种特殊环境相互作用而引起的，具有一定环境特征的断裂方式，主要有：应力腐蚀断裂、氢脆断裂、蠕变断裂、腐蚀疲劳断裂及冷脆断裂等。

合金在拉伸应力和特定的腐蚀介质联合作用下，引起的低应力腐蚀断裂称为应力腐蚀断裂；因氢渗入钢件内部而在应力作用下导致的脆性断裂，称为氢脆断裂；金属在长时间的恒温恒应力作用下，即使应力小于屈服强度，也会缓慢地产生塑性变形，由此变形导致的断裂称为蠕变断裂；机件于腐蚀介质环境中，在低于拉伸强度极限的交变应力的反复作用下所产生的断裂，称为腐蚀疲劳断裂；当机件所处的温度低于某一温度时，材料将转变为脆性状态，其冲击值明显下降，由此导致的断裂称为冷脆断裂。

在重复的交变应力作用下，机件发生的断裂，称为疲劳断裂。发生疲劳断裂的特点是断裂时应力低于材料的抗拉强度或屈服极限。不论是脆性材料还是塑性材料，其疲劳断裂在宏观上均表现为无明显塑性变形的脆性断裂。

（4）腐蚀

腐蚀是指金属受周围介质的作用而引起损坏的现象，可分为化学腐蚀和电化学腐蚀。腐蚀会造成零件的全面损坏而报废，也会使零件的强度下降，还会产生腐蚀脆性等不良后果，

① 化学腐蚀　金属与介质直接发生化学作用而引起的损坏叫化学腐蚀。腐蚀的产物在金属表面形成表面膜，膜的性质决定化学腐蚀的速度，如膜完整致密，则有利于保护金属而减慢腐蚀；反之，则会加快金属材料的脱落。金属在干燥空气中的氧化以及金属在不导电介质中的腐蚀等均属于化学腐蚀。

② 电化学腐蚀　金属表面与周围介质发生电化学作用而有电流产生的腐蚀，称为电化学腐蚀。金属在酸溶液、碱溶液、盐溶液、海水及潮湿空气中的腐蚀，地下金属管线的土壤腐蚀等都属于电化学腐蚀。

接触腐蚀是由于不同金属相接触或金属与非金属材料相接触而产生的电化学腐蚀。这种腐蚀形式在工程机械中占有重要地位。发动机冷却系统中散热器铜管与钢壳接触处和进出水口与橡胶管的连接处等，均会产生接触腐蚀。

金属与金属之间的缝隙与裂纹，以及金属与非金属材料不完全接触的地方，介质能进入并处于停滞状态，因氧的浓度不同或其他浓度差异等而形成浓差电池，使金属发生局部腐蚀，称之为缝隙腐蚀。如湿式缸套下部的橡胶圈密封处、与垫圈接触的表面以及机件表面油漆局部破损处均会产生缝隙腐蚀。

2.1.3 形成故障的外部因素

形成故障的外部因素指的是元件或配合副在运行过程中，由于外部条件的改变，而使自身耗损或加速自身耗损的诸多因素。外部因素主要包括环境因素、使用因素及时间因素等。

（1）环境因素

环境因素主要有周围磨料的作用、气候状况、生物介质的作用和腐蚀作用等。这些环境

因素将以各种能量的形式对机械产生作用，最终致使机件发生磨损、变形、裂纹以及腐蚀等各种形式的损伤，导致故障甚至更严重的后果。

① 周围介质因素　大多数机械设备都受到周围磨料的作用，尤其是在田里工作的农业机械，工作部件直接与土壤中的磨粒接触（如土壤加工机械），或受到磨料灰尘的作用（如拖拉机、工程机械）。化工行业的特种机械，接触的介质可能对机件产生腐蚀破坏。对于大型核电站，其中的核能及电磁能同样会对机件产生破坏作用，并最终导致故障或者灾难性的结果发生。生物介质对机械设备也有影响，特别是机械在潮湿的环境中存放，生物介质的侵蚀使材料表面覆盖上霉菌层，在温度为 $25\sim30℃$ 和相对湿度为 $80\%\sim95\%$ 条件下，促使霉菌旺盛繁殖，霉菌分泌的有机酸破坏结构材料，使金属产生腐蚀，分解绝缘材料和其他种类的塑料。

② 气候因素　气候因素有空气湿度、温度、大气压力、太阳辐射等，其中湿度是很重要的因素。因为许多构件，如机壳、机架和工作装置等，直接暴露在雨水、露珠及潮湿的空气中，在其表面形成一层水膜，吸收空气中的 O_2、CO_x、SO_x。此外，冬天机器损坏的数量比夏天多，据统计，冬天故障量比夏天大约多三倍，这是因为低温故障率高的缘故。在热辐射和高温作用下，也可以看到电气设备的损坏以及塑料和橡胶制品的各种损坏。

(2) 使用因素

使用因素主要有载荷状况、操作人员状况以及使用、维护与管理的水平等。也就是说，机械设备可能在使用过程中由于日积月累的不当使用而发生故障，也有可能是维护人员在定期维护和检修时未按规章制度操作而导致机械设备最终发生故障。当然还有许多其他使用过程中的因素可能造成机械故障，这里着重介绍载荷因素和维护管理因素。

① 载荷因素　载荷状况（载荷条件、强度与形式）是重要的使用因素，不同大小的载荷所造成的磨损程度也不尽相同。一般在设计时，机械设备的载荷范围都是比较宽的。但是，如果长期在超过额定载荷的条件下工作，势必会造成严重磨损或损坏。

载荷是否连续，对磨损强度的影响也是不同的。如某些间歇运行的电气设备，频繁地启动运行，其磨损强度是比较大的，易产生疲劳。

② 维护管理因素　使用中，环境因素影响着材料的强度以及元件的恶化过程，并在很大程度上决定着机械设备的故障率。这些大多数是人为因素造成的。此外，操作人员的技术水平、熟练程度和责任心，都会直接影响机械设备的使用寿命。使用中的人为因素，可以通过建立合理的维修保养制度、制定技术操作规程、严格质量检验、加强人员培训等方法，减小或者消除不利影响，达到延长机器使用寿命的目的。

(3) 时间因素

在造成机械故障的外因中，时间因素是一个必须考虑的问题，随着机械使用时间的推移，机械的特性指标（比如强度、精度、功率等）会随着时间的变化而变化。上述的环境因素、使用因素等是机械发生故障的诱因，广义来说环境因素和使用因素也会将时间因素考虑在内。

常见的磨损、变形、裂纹、断裂和腐蚀等故障机理也都与时间有密切关系，尽管机件中存在着故障隐患及形成故障的其他原因，但如果没时间的延续，故障不一定会发生。如果故障的形成表现为缓慢进行的过程，可称这类故障为时间依存性故障。其主要特征是在给定的时间段内，发生故障的概率与机械已工作时间有关，机械使用时间越长，故障发生的概率就越高。这是由于时间因素对这类故障的形成有两方面的影响，这里主要归纳为作用积累期和损伤积累期。作用积累期是指由于机械投入使用后各种能量的作用，虽然早期并没有对机械造成损伤，但是经过一定时间的持续作用，损伤渐渐显现出来，比如早期机件在制造时可能存在微观疲劳裂纹，随着交变应力的持续作用，裂纹扩展成宏观裂纹。

2.1.4 故障发生的规律

尽管机械设备种类繁多，发生故障的机理及外部条件各不相同，但在机械的整个寿命周期内，故障的发生还是存在着一定的规律。

图 2-2 是机械设备的故障率随时间的寿命特性曲线，由于此曲线形状类似浴盆形，故称为"浴盆曲线"。曲线分为三段：早期故障期、偶发故障期和耗损故障期。

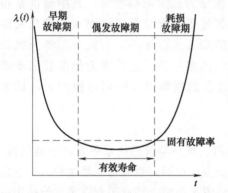

图 2-2　设备故障率随时间的寿命特性曲线

（1）早期故障期

早期故障期又称为跑合期，早期故障期故障率较高，原因有很多，包括设计、制造和安装上的缺陷、操作和使用上的疏忽等。设备经过运转跑合或查明故障原因并立即排除后，故障率逐步减小并趋于稳定，逐步进入偶发故障期。早期故障期不仅发生在新机械设备投入使用的初期阶段，当机械设备更换零部件并再次投入使用时，也会经历早期故障期。

（2）偶发故障期

偶发故障期是故障率相对恒定、故障率最低的阶段。然而由于使用不当、操作失误或其他诸多原因，仍会引起故障，故障出现带有很大的偶然性，所以称为偶发故障期，它也是设备的最佳工作时期。在偶发故障期，应当特别重视机械设备的合理使用，严格遵守设备使用手册，同时考虑实际工程条件下的相关参数是否符合产品的使用条件等，使用后还需要对机械设备进行维护保养，降低偶然性故障的发生概率，以尽可能地延长机械设备的有效寿命。

（3）耗损故障期

当机械设备经过最佳工作期后，故障率会再度升高，这是由零部件的正常磨损、化学腐蚀、物理变化及材料的老化等引起的。这一阶段称为耗损故障期。对于任何一种机械设备，采用监测与诊断技术，掌握零部件耗损期的开始时间，在零部件达到其有效寿命前就采取维修或更换措施，便可将即将上升的故障率降下来。这种预防性的措施既可避免耗损故障的发生，也可以延长设备的使用寿命。

2.1.5 设备状态及其演变

（1）设备的正常和故障状态

设备的状态分为正常状态和故障状态。正常状态是使机械设备发挥其规定功能的状态，是机械设备外在使用条件和内在因素的理想组合；反之，设备处于故障状态。设备从一种状态到另外一种状态的变化过程称为演变，这种演变过程如图 2-3 所示。

投入使用后的机械设备在各种能量的共同作用下，必然会引起内部因素的变化。若能量未达到某一特定数值时，则不会引起机件的损伤；反之，如果能量达到了某一特定数值，损伤就会发生，并且引起设备的初始性能和状态的变化。一旦机械设备内部存在缺陷或者损伤，机械设备可能产生不正常的现象，如异常振动、噪声及变形等，其结果必然导致机械性能的下降，这时就可以认为机械发生了从正常状态向故障状态的演变。从机械的输出参数方面来讲，有些损伤并不影响产品的输出参数，也不会发生故障。但是，如果损伤已经致使产品的输出参数发生变化，并且当输出参数超过技术条件规定的极限值

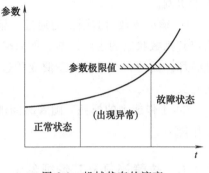

图 2-3　机械状态的演变

时，机械丧失工作能力，即机械设备的正常状态遭到破坏，这时机械设备所处的状态也称为故障状态。

（2）故障形成的宏观过程

要分析故障形成的原因，必须了解故障形成的宏观过程。故障形成的宏观过程可归纳为三个方面。

① 零部件的损伤及配合关系的变化　当设备发生了某种故障后，如果对故障部位进行外部观察，会发现故障的形成主要是由于零部件本身的损伤，其次是由于零件与零件间原有配合关系的变化，或者是二者兼有。

零部件在使用过程中有意外损伤和老化损伤。意外损伤是指本不该发生，但由于一些意外因素，如设计差错、制造质量问题、使用不当等，导致零部件性能偏离其初始的性能。静强度、动强度和疲劳强度不足而造成的断裂，过热而造成的裂纹、烧蚀、烧熔，某些严重的蚀、损和表面擦伤等都属于这类损伤。严格控制人为因素的影响，这类损伤引起的故障便可大大减少。老化损伤是指零部件在正常使用条件下，随着时间的推进，零部件的材料性能和状态发生不可逆的老化而引起的损伤。老化损伤是机械整个寿命周期中不可避免的，大部分机械故障都与老化损伤有密切联系。

零部件的损伤形式有断裂、变形和材料性能退化等。其中，断裂是最危险的损伤，如零部件因交变应力、冲击和热作用等共同作用而产生的各种形式的断裂。材料性能的退化是材料组织、成分、性能等的变化，如零件由于密封而长期压缩失去弹性等。零件表面受温度、化学、机械等因素的作用，最易发生表面损伤，除了锈蚀、浸蚀、空泡腐蚀以外，表面上还可能发生黏附、吸附黏结等现象，外界作用还能使表面微观几何形状、硬度、应力状态等发生变化。

当两个配合表面接触时，会发生各种磨损、表面层疲劳和表面塑性变形等损伤。损伤又使零件的接触条件发生变化，导致刚性系数、摩擦系数和其他参数发生变化。这些变化将引起故障形成过程中的另一个宏观过程的发展，即零件与零件间原有配合关系的变化。

零件与零件间原有配合关系的变化有几种表现形式。最常见的是零件相互配合关系的变化，这种变化的宏观特征是动配合件间隙的增大和静配合件紧度的减弱，如动配合件中的轴承和轴颈、柱塞和套筒之间的间隙增大等。另一种表现形式是相对位置精确性的变化，这种变化表现在零件与零件之间的距离、同心度、轴线的平行度与垂直度等相对位置精确程度的改变，如发动机的曲轴与凸轮轴前各轴承同心度的改变，推土机履带与支承轮架的平行度的改变等。还有一种表现形式是相互协调性的改变，这种变化表现在几个分部件之间的工作性

能不协调。

② 输出参数对其限值的逼近　输出参数的变化反映了产品自身的宏观变化过程，也是确定其机械状态的主要标准。如果输出参数超出技术文件规定的极限值，机械的正常状态将被破坏。因此，在机械状态演变的过程中，形成故障的可能性与输出参数逼近其极限值的程度有关。

③ 工作能力的损耗　随着时间的推移，在内外因素的共同作用下，机械将逐步失去其工作能力。

2.1.6　故障迹象及其特征参量

人在发病的过程中必然会出现很多症状，如发热、乏力、咳嗽、食欲不振、头晕等，不同的病因会出现不同的症状，相同的症状也有可能有着不同的病因。同样地，设备在使用过程中由于存在缺陷或损伤，从正常状态向故障状态演变时，也会出现各种症状。这种设备存在缺陷或损伤的各种外观表征称为故障迹象。故障机理不同、部位不同，故障的迹象也不同的。一般机械设备的故障迹象有输出参数变化、振动异常、声响异常、磨损残余物激增、裂纹扩展、过热等。

(1) 故障迹象

① 输出参数变化　输出参数变化是指机械设备性能指标的下降，这是一种常见的故障迹象，如泵的扬程下降、车床的加工精度降低、起重机的装载量下降等。这些故障迹象明显，容易察觉，但原因复杂，且很多情况下，输出参数发生变化表明故障已较严重了。

② 振动异常　设备振动是设备运行过程中的一种属性，即使最精密的机械设备在运转过程中也会产生振动，正常时振动数值在允许的范围内，但若设备振动发生异常，一定是故障引起的。如旋转机械转子的不平衡易引起转子过大的径向振动，轴与轴之间或轴与轴承之间的不对中易引起径向和轴向的过大振动，轴的弯曲、变形、基础的松动等也会引起过大的振动。振动这一迹象反映了设备工作状态的变化，是设备故障诊断的重要信息。

③ 声响异常　机械正常运转时，会发生一些轻微均匀的声音。如果在运转过程中伴随着其他杂乱而异常的声音，表明设备的正常状态遭到了破坏。声响异常是设备故障诊断的重要信息。

④ 过热　在正常工作状态下，设备一些易发热的部位，如发动机、轴承、制动器、变速器等，都应保持一定的工作温度。但当这些部位的温度超过了规定的工作温度范围，则称为过热。过热现象表明设备某一部位存在故障，如冷却系统的故障易导致发动机的过热，润滑油的缺失会导致变速器或轴承的过热等。过热现象是设备故障诊断的一个重要信息。

⑤ 磨损残余物激增　机械设备中的轴承、齿轮等零部件在运行过程中的磨损残余物可以从润滑油中采集到。油样中富含了故障的信息，如磨屑的大小和浓度表征了磨损的程度，磨屑的形貌反映了磨损的机理，磨屑的成分反映了磨损的部位。因此，通过磨损残余物的采集与分析可以获得机械设备故障的信息，是机械故障诊断的一个重要信息。

⑥ 裂纹扩展　机械零件或材料在加工过程中引起的气孔、疏松、夹渣、砂眼、裂纹等缺陷和损伤，会产生裂纹，裂纹扩展到一定程度，会使机械强度下降并导致故障的发生。同时，机件在使用过程中由于意外损伤或老化损伤，也会导致机件的磨损、断裂、腐蚀等，会

导致故障的发生。

（2）故障特征参量

机械状态在演变过程中出现的各种迹象表明机械设备存在各种故障。机械设备健康监测与故障诊断技术就是根据迹象监测各种相应的特征参量，根据特征参量提供的信息来判断机械设备的状态，诊断其故障。故障的特征参量主要包括以下部分。

① 机械设备的输出参数 通过机械的输出参数来判断机械的状态，如泵的扬程、机械生产率、设备效率、加工设备的加工精度、发动机的耗油量等。该特征参量比较容易测量，但故障原因复杂，不易诊断出原因和部位。很多机械设备一旦输出参数发生变化，表明已有故障且故障较为严重。

② 机械零部件的损伤量 磨损量、变形量、裂纹大小、腐蚀程度等都是判断机械状态的特征参量，这些特征参量是引起故障的直接原因，不仅可以表征故障的存在、部位、原因，还可以表征程度。检测这种特征参量需要停机检测。因此，多数是静设备利用这类特征参量判断故障，而对于动设备，对机械零部件损伤量的测量通常是在故障的第二阶段，即在用其他振动监测等方法诊断出机械设备有故障后，认为有必要再进一步诊断机械设备故障的直接原因时才进行损伤量的测量。

③ 机械中的二次效应参数 上面提到的两类特征参量为直接特征参量，二次效应参数为故障的间接特征参量，包括机械在运转过程中存在的振动、声音、温度、电量等。振动可用振动位移、速度、加速度等来描述；声音可用噪声、超声、声发射等来描述；电量可用电压、电流、功率和频率等来描述。其优点是在运行过程中不作任何拆卸便可测量，其缺点是特征参量与故障间常存在某种随机性。状态监测与故障诊断技术主要是针对二次效应参数监测的结果来判断设备的故障，根据监测物理参数的不同，健康监测实施技术可分为振动监测技术、声音诊断技术、温度监测技术、污染监测技术、无损检测技术、综合诊断技术等。

2.2 信号处理和分析基础知识

任何一个工作中的机械设备，均可用各种不同的物理参数，如应力参数、振动参数、噪声参数、温度参数、排放参数等来描述它的健康状况和工作状态。健康监测与故障诊断通常都是利用传感器和测量仪表将表征机械健康状态的状态参数转换成离散或连续的电信号，再经放大后进行记录、显示和分析处理，这个过程称为信号的处理和分析。信号处理和分析是设备健康监测与故障诊断的基础和前提。

2.2.1 信号的定义及分类

信号是表征客观事物状态或行为信息的载体。在机械设备健康监测过程中，通过各类传感器来获取有关机械设备工作状态的信息，这些信息的载体就是信号。信号具有能量，它描述了物理量的变化过程。

信号根据是否随时间而变化分为静态信号和动态信号。信号的幅值等不随时间变化的称为静态信号，信号的幅值等随时间变化的则称为动态信号。工程中所遇到的信号多为动态信号，动态信号可以分为确定性信号和随机信号，其中可用确定的时间函数或图表等来描述的为确定性信号，不能用时间函数或图表来描述的信号则为随机信号。确定性信号又根据是否具有周期性分为周期信号和非周期信号，周期信号又可细分为简单周期信号和复杂周期信号，非周期信号可细分为准周期信号和瞬变信号，具体如图 2-4 所示。

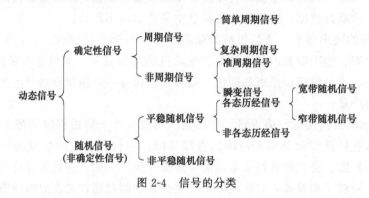

图 2-4　信号的分类

2.2.1.1　确定性信号

在实际工程中，判断信号是确定性的还是非确定性的，通常以实验为依据，在一定误差范围之内，如果一个物理过程能够通过多次重复得到相同的结果，则可以认为这种信号是确定性的。如果一个物理过程不能通过重复实验而得到相同的结果，或者不能预测其观测结果，则可以认为这种信号是非确定性信号（随机信号）。

（1）周期信号

周期信号是按一定的周期不断重复的信号，它满足下列关系

$$x(t)=x(t\pm nT) \tag{2-1}$$

式中　$x(t)$——时间 t 上的瞬时值；

　　　n——整数；

　　　T——周期。

① 简单周期信号　简单周期信号又称简谐信号，是周期信号中最简单的一类信号，如图 2-5 所示的简单弹性质量系统的振动波形，可以用式(2-2) 描述

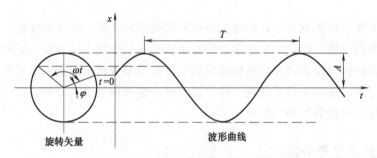

图 2-5　简单弹性质量系统的振动波形

$$x(t)=A\sin(\omega t+\varphi_0) \tag{2-2}$$

式中　t——时间；

　　　A——最大振幅；

　　　ω——角速度；

φ_0——初始相位。

简谐振动是最简单的振动，也是最常见、最基本的简单周期信号（简谐信号），通常为正弦或余弦信号。

② 复杂周期信号　非简单周期信号但又具备周期性的信号称为复杂周期信号。复杂周期信号具有明显的周期性而又不是简单的正弦或余弦周期性。它通常由多个简单周期信号叠加而成，其中有一个正弦周期信号的周期和该复杂周期信号的周期相同，该正弦信号称为基波，其频率称为基频；其他各个正弦周期信号的频率和基频之比为有理数，常为整倍数，称为高次谐波。

复杂周期信号常见的波形有方波、三角波、锯齿波等，其时变函数均可按傅里叶级数展开

$$x(t) = x_0 + \sum_{n=1}^{\infty} x_n \sin(2\pi nft + \varphi_n) \tag{2-3}$$

图 2-6（a）是方波信号，一个周期内的时变函数为

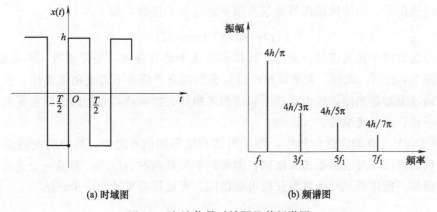

(a) 时域图　　　　(b) 频谱图

图 2-6　方波信号时域图及其频谱图

$$x(t) = \begin{cases} h, & 0 < t < \dfrac{T}{2} \\ -h, & -\dfrac{T}{2} < t < 0 \\ 0, & t = 0, \pm\dfrac{T}{2} \end{cases} \tag{2-4}$$

经傅里叶级数展开，可表达为

$$x(t) = \frac{4h}{\pi} \sum_{n=1}^{\infty} \frac{\sin[(2n-1)2\pi nf]}{2n-1} \tag{2-5}$$

以 $n = 1, 2, 3, \cdots, n$ 代入上式可得：

$n = 1$ 时，$x_1(t) = \dfrac{4h}{\pi} \sin(2\pi f_1 t)$

$n = 2$ 时，$x_2(t) = \dfrac{4h}{3\pi} \sin(2\pi 3 f_1 t)$

$n = 3$ 时，$x_3(t) = \dfrac{4h}{5\pi} \sin(2\pi 5 f_1 t)$

……

根据 f_1、$3f_1$、$5f_1$、…以及对应的信号的幅值 $4h/\pi$、$4h/3\pi$、$4h/5\pi$、…就可获得如图 2-6（b）所示的频谱图。这个频谱图由离散的谱线组成，称为离散谱。复杂周期信号的频谱图特征是离散、等间距及幅值逐级降低。可见，对于这类信号，单从它的幅值大小和时间历程是不能很好地将性质描述清楚的，必须找出组成它的频率分量以及不同频率分量下的幅值、初始相位，这个分析过程就称为频谱分析。

（2）非周期信号

不按一定周期重复的确定性信号称为非周期信号。非周期信号可以分为准周期信号和瞬态信号。

① 准周期信号　准周期信号仍然由多个简单的周期信号组成，它的时变函数仍可以写为

$$x(t) = \sum_{n=1}^{\infty} x_n \sin(2\pi f_n t + \varphi_n) \tag{2-6}$$

它和复杂周期信号的区别在于：组成复杂周期信号的各个谐波频率之比为有理数，且往往是基频的整倍数，而准周期信号的谐波频率之比为无理数，如

$$x(t) = \sin(t) + \sin(\sqrt{2}\,t) \tag{2-7}$$

该信号是由两个正弦信号合成的，其频率之比不是有理数，是无理数，不成谐波关系，其波形如图 2-7 所示。此时，简单周期性信号叠加起来的信号不再呈现周期性，但由于它仍然是数个谐波叠加起来的，故也需要用频谱图来描述它的特性，它的频谱图和复杂周期性信号的频谱一样，也是离散的。

② 瞬变信号　在确定性信号中，除了周期和准周期信号之外，均为瞬变的信号，它的特点是：仍然可以用时变函数式来描述，但频谱不再是离散的谱图，而是一个连续的谱形。

瞬变信号不能用傅里叶级数展开获得频谱图，而是用傅里叶积分来表达

$$X(f) = \int_{-\infty}^{\infty} x(t) e^{-j2\pi f t} \, dt \tag{2-8}$$

我们称这个过程为傅里叶正变换，所得的频谱称为傅里叶谱，它也可以用复数的形式来表达，即

$$X(f) = |X(f)| e^{-j\theta(f)} \tag{2-9}$$

式中，$|X(f)|$ 是 $X(f)$ 的模；$\theta(f)$ 是 $X(f)$ 的幅角或相角。

因此，它们的频谱分析也包含了两个部分：幅值谱密度和相位谱密度。

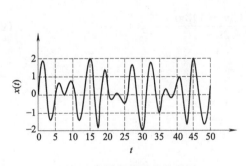

图 2-7　准周期信号的波形图

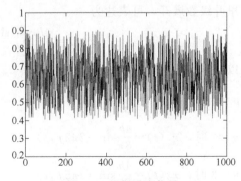

图 2-8　机器噪声信号

2.2.1.2 随机信号

随机信号又称非确定性信号，无法用确定的时间函数来表达，即对同一事物的变化过程独立地重复进行多次观测，所得的信号是不同的，波形在无限长的时间内不会重复。它所描述的物理现象是一种随机过程，其幅值、频率和相位变化是不可预知的。如图 2-8 所示，机器的噪声信号就是典型的随机信号，不同时刻测得信号的波形并不相同。

随机信号的过程既不能预知，也不重复，但随机信号有着一定的统计规律。因此我们可以用概率和统计的方法来研究随机信号，用统计特征参数来描述随机信号的特性。对随机信号按时间历程所做的各次长时间观测记录称为样本函数，记作 $x_i(t)$。在有限时间区间上的样本函数称为样本记录。在同一试验条件下，全部样本函数的集合（总体）就称为一个随机过程，记作 $\{x(t)\}$，即

$$\{x(t)\} = \{x_1(t), x_2(t), \cdots, x_i(t), \cdots\} \tag{2-10}$$

随机过程又分平稳随机过程和非平稳随机过程。平稳随机过程是指其统计特征参数不随时间而变化的随机过程，而非平稳随机过程是指其统计特征参数随时间而变化的随机过程。在平稳随机过程中，若任一单个样本函数的时间平均统计特征等于该过程的集合平均统计特征，这样的平稳随机过程叫各态历经随机过程。工程上所遇到的很多随机信号具有各态历经性，有的虽不是严格的各态历经过程，但也可以当作各态历经随机过程来处理。对于各态历经随机过程，我们只需得到一个或几个有限长的样本记录，对其进行时间平均，就可以得到整个随机过程的统计特征参数，因此可以大大减少实验和计算的工作量。对于非各态历经随机过程就要求进行无限多次实验或观测，然后对这些样本进行集合平均，才能得到随机过程的统计特征参数，这在实际工作中是很难实现的，因此，在试验时，应尽量使实验条件不变，通常这样的随机振动可当作是各态历经的。

2.2.2 信号的幅值域描述及分析

信号分析就是采用各种物理或数学的方法提取有用信息的过程，而信号的描述方法提供了对信号进行各种不同变量域的数学描述，表征了信号的数据特征，它是信号分析的基础。为了全面了解系统状态，信号通常在幅值域、时域、频域等不同域里进行描述，可得到不同的信息。

2.2.2.1 信号幅值域描述及分析的特征参数

幅值域分析研究的是瞬时幅值的最大值和最小值、平均值、离散度、波动程度、平均能量以及幅值瞬时值的大小及其出现的次数等。

(1) 信号的最大值和最小值

信号的最大值 $x_{\max}$ 和最小值 $x_{\min}$ 是信号的极值，如图 2-9 所示，它给出了信号变化的范围，在数据处理和分析中总是首先考虑的。应该指出，在我们所测取的信号样本中，由于长度有限，最危险的或最恶劣的工况可能还没有出现，因此信号的最大值和最小值无法获得。因此机械设备监测检测时，尽可能在处于最恶劣且可能出现的工作状态下进行测量，或者根据已测样本的概率分布函数或概率密度函数推断总体中可能出现的最大值。

(2) 信号的平均值和标准差

信号的最大值和最小值只给定了信号变化的极限范围，但是没有给出信号的变化中心位置，图 2-9 给出了两个信号波形，尽管它们最大峰值一样，但信号波动中心不一样，因此，要描述信号波动中心，还必须给出其平均值，常称为均值 μ_x，其计算公式如表 2-1 所示。

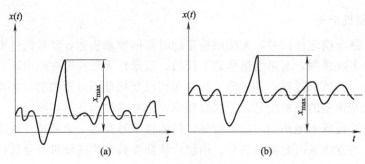

图 2-9　信号的波动中心

表 2-1　均值的计算公式

参数名称	信号数据形式	
	连续的波形 $x(t)$	离散的数据列 x_i
总体平均值 μ_x	$\mu_x = \lim\limits_{T \to \infty} \frac{1}{T} \int_0^T x(t) \mathrm{d}t$	$\mu_x = \lim\limits_{N \to \infty} \frac{1}{N} \sum\limits_{i=1}^{N} x_i$
样本平均值 $\overline{x}$	$\overline{x} = \frac{1}{T} \int_0^T x(t) \mathrm{d}t$	$\overline{x} = \frac{1}{N} \sum\limits_{i=1}^{N} x_i$

注：T——信号样本的总时间；

N——信号样本数据的总次数。

然而，只给出平均值还不能说明信号在波动中心位置上波动的情况。如图 2-10 所示的两个波形，它们的均值是一样的，然而波动程度差异很大，因此，在给出均值的同时，还给出描述波动程度的均方差，即通常所说的方差 σ_x^2。

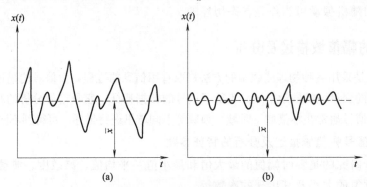

图 2-10　信号的波动程度

由表 2-2 可知，方差的量纲是幅值的平方，为使其量纲和均值一致，将其开根，则得均方根差 σ_x，即通常所说的标准差，如表 2-3 所示。

表 2-2　方差的计算公式

参数名称	信号数据形式	
	连续的波形 $x(t)$	离散的数据列 x_i
总体方差 σ_x^2	$\sigma_x^2 = \lim\limits_{T \to \infty} \frac{1}{T} \int_0^T [x(t) - \mu_x]^2 \mathrm{d}t$	$\sigma_x^2 = \lim\limits_{N \to \infty} \frac{1}{N} \sum\limits_{i=1}^{N} (x_i - \mu_x)^2$
样本方差 S_x^2	$S_x^2 = \frac{1}{T} \int_0^T [x(t) - \overline{x}]^2 \mathrm{d}t$	$S_x^2 = \frac{1}{N} \sum\limits_{i=1}^{N} (x_i - \overline{x})^2$

表 2-3　标准差的计算公式

参数名称	信号数据形式	
	连续的波形 $x(t)$	离散的数据列 x_i
总体标准差 σ_x	$\sigma_x = \sqrt{\lim\limits_{T \to \infty} \dfrac{1}{T} \displaystyle\int_0^T [x(t) - \mu_x]^2 \mathrm{d}t}$	$\sigma_x = \sqrt{\lim\limits_{N \to \infty} \dfrac{1}{N} \displaystyle\sum_{i=1}^{N} (x_i - \mu_x)^2}$
样本标准差 S_x	$S_x = \sqrt{\dfrac{1}{T} \displaystyle\int_0^T [x(t) - \overline{x}]^2 \mathrm{d}t}$	$S_x = \sqrt{\dfrac{1}{N} \displaystyle\sum_{i=1}^{N} (x_i - \overline{x})^2}$

（3）信号的均值和有效值

用信号的均值和标准差联合表示它的特性，需要计算两个参数，为了用一个参数有效表示信号的平均特性，出现了既含前述两个参数又具有广义功率含义的均方值和具有能量等价概念的有效值。

信号通过传感器、放大器等测量仪器后，通常变成电信号：电压信号 $u(t)$ 或电流信号 $I(t)$，从广义功率的含义而言，电功率的计算式为

$$W(t) = u(t)I(t) = \frac{u^2(t)}{R} = RI^2(t) \tag{2-11}$$

式中，$W(t)$ 为瞬时功率。当电路的电阻 R 是定值时，瞬时功率 $W(t)$ 取决于仪器的输出电压 $u(t)$ 或输出电流 $I(t)$。假定 $R=1$，则 $W(t) = u^2(t) = I^2(t)$，而电压信号和电流信号取决于被测信号 $x(t)$，因而，瞬时功率 $W(t)$ 取决于 $x(t)$，当仪器的转换系数为 1 时，$W(t) = x^2(t)$。由于 $x(t)$ 随时间而变化，$W(t)$ 的瞬时值也随时间而变化，这就要求求出 $W(t)$ 的平均值，这个平均值称为均方值。

广义功率的量纲不一定是真正的功率量纲，而是被测量信号物理量纲的平方。工程上经常用一个恒定的当量幅值来表示整个信号能量的大小，这就出现了有效值的概念。有效值是将均方值开根号而得，又称为均方根值。表 2-4 和表 2-5 给出了均方值和有效值的计算公式。

表 2-4　均方值的计算公式

参数名称	信号数据形式	
	连续的波形 $x(t)$	离散的数据列 x_i
总体均方值 ψ_x^2	$\psi_x^2 = \lim\limits_{T \to \infty} \dfrac{1}{T} \displaystyle\int_0^T x^2(t) \mathrm{d}t$	$\psi_x^2 = \lim\limits_{N \to \infty} \dfrac{1}{N} \displaystyle\sum_{i=1}^{N} x_i^2$
样本均方值 $\overline{x^2}$	$\overline{x^2} = \dfrac{1}{T} \displaystyle\int_0^T x^2(t) \mathrm{d}t$	$\overline{x^2} = \dfrac{1}{N} \displaystyle\sum_{i=1}^{N} x_i^2$

表 2-5　有效值的计算公式

参数名称	信号数据形式	
	连续的波形 $x(t)$	离散的数据列 x_i
总体有效值 ψ_x	$\psi_x = \sqrt{\lim\limits_{T \to \infty} \dfrac{1}{T} \displaystyle\int_0^T x^2(t) \mathrm{d}t}$	$\psi_x = \sqrt{\lim\limits_{N \to \infty} \dfrac{1}{N} \displaystyle\sum_{i=1}^{N} x_i^2}$
样本有效值 x_{rms}	$x_{\text{rms}} = \sqrt{\dfrac{1}{T} \displaystyle\int_0^T x^2(t) \mathrm{d}t}$	$x_{\text{rms}} \sqrt{\dfrac{1}{N} \displaystyle\sum_{i=1}^{N} x_i^2}$

均方值和均值、方差有一定的联系，由方差的计算公式可知

$$\sigma_x^2 = E[(x_i - \mu_x)^2] = E(x_i^2 - 2\mu_x x_i + \mu_x^2)$$
$$= Ex_i^2 - 2\mu_x Ex_i + E\mu_x^2$$
$$= \psi_x^2 - \mu_x^2 \qquad (2\text{-}12)$$

显然，均方值 ψ_x^2 含有均值 μ_x 和标准差 σ_x 的信息，即

$$\psi_x^2 = \mu_x^2 + \sigma_x^2 \qquad (2\text{-}13)$$

2.2.2.2 幅值的概率密度函数和概率分布函数

在工程中，有时只给出幅值的均值、标准差、均方值和有效值还不够，还须知道幅值的大小和出现的次数，即幅值大小的分布情况。表示幅值分布情况的特征参数有幅值的概率密度函数和概率分布函数（图 2-11）。

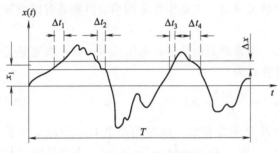

图 2-11　概率及概率密度定义图

概率反映信号某一瞬时幅值发生的可能性，是一个总体参数，对于一个特定的信号，它是一个客观真值，与试验的次数多少有关。

概率密度是指单位幅值区间内的概率，它是幅值的函数，称为概率密度函数。

概率分布是研究某个幅值区间的概率，并且研究随着幅值区间的变化，它的概率是怎样变化的，因此引出概率分布函数的概念。

概率和概率密度函数的样本统计值和总体特征值的计算式，见表 2-6 和表 2-7。

表 2-6　概率的计算公式

参数名称	信号数据形式	
	连续的波形 $x(t)$	离散的数据列 x_i
总体概率 $P_{\text{rob}}\left(x_i - \dfrac{\Delta x}{2} \leqslant x_i \leqslant x_i + \dfrac{\Delta x}{2}\right)$	$P_{\text{rob}} = \lim\limits_{T \to \infty} \dfrac{T_0}{T} = \lim\limits_{T \to \infty} \dfrac{\sum \Delta t_i}{T}$	$P_{\text{rob}} = \lim\limits_{N \to \infty} \dfrac{n_i}{N}$
样本的近似概率 $P'_{\text{rob}}\left(x_i - \dfrac{\Delta x}{2} \leqslant x_i \leqslant x_i + \dfrac{\Delta x}{2}\right)$	$P'_{\text{rob}} = \dfrac{T_0}{T} = \dfrac{\sum \Delta t_i}{T}$	$P'_{\text{rob}} = \dfrac{n_i}{N}$

表 2-7　概率密度函数的计算公式

参数名称	信号数据形式	
	连续的波形 $x(t)$	离散的数据列 x_i
总体概率密度函数 $p(x)$	$p(x) = \lim\limits_{\substack{T \to \infty \\ \Delta x \to 0}} \dfrac{1}{T \Delta x} \sum \Delta t_i$	$p(x) = \lim\limits_{\substack{N \to \infty \\ \Delta x \to 0}} \dfrac{1}{N \Delta x} n_{x_i}$
样本概率密度函数 $p'(x)$	$p'(x) = \lim\limits_{\Delta x \to 0} \dfrac{\sum \Delta t_i}{T \Delta x}$	$p'(x) = \lim\limits_{\Delta x \to 0} \dfrac{n_{x_i}}{N \Delta x}$

注：T_x——信号落在区间 $\left[x_i - \dfrac{\Delta x}{2},\ x_i + \dfrac{\Delta x}{2}\right]$ 的总时间；$T_x = \Delta t_1 + \Delta t_2 + \cdots = \sum \Delta t_i$；

n_{x_i}——信号落在区间 $\left[x_i - \dfrac{\Delta x}{2},\ x_i + \dfrac{\Delta x}{2}\right]$ 的总次数。

以幅值大小为横坐标、以概率密度函数为纵坐标获得概率密度函数图，如图 2-12（a）所示。

信号的瞬时值小于或等于某一数值 x_i 时的概率定义为 $P(x)$，它等于概率密度从 $-\infty$ 到 x_i 的积分，即

$$P(x) = P_{\mathrm{rob}}\big[x(t) \leqslant x_i\big] = \int_{-\infty}^{x_i} p(x)\mathrm{d}x \tag{2-14}$$

函数 $P(x)$ 称为概率分布函数，或称累积概率分布函数，它也可以用图形来表示，如图 2-12（b）所示。

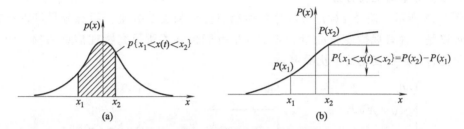

图 2-12 概率密度函数和概率分布函数图

由定义可看出，概率密度函数和概率分布函数有明显的差异和联系。以图 2-12 进行说明，根据定义，累计概率值为：$P(x_1) = \int_{-\infty}^{x_1} p(x)\mathrm{d}x$，它在概率密度函数图上为 x_1 左边部分 $p(x)$ 曲线下的面积；而在概率分布函数图上是 x_1 处纵坐标的高度 $P(x_1)$。同样，x_2 点的累计概率值为：$P(x_2) = \int_{-\infty}^{x_2} p(x)\mathrm{d}x$，在概率密度函数曲线上是 x_2 左边部分 $p(x)$ 曲线下的面积；在概率分布函数图上是 x_2 处纵坐标的高度 $P(x_2)$。任意两个信号幅值区间 $[x_1, x_2]$ 的概率在概率密度函数图上是以上两个面积之差，即 $p(x)$ 曲线在 x_1 和 x_2 区间内所包围的面积，如图 2-12（a）阴影部分所示；在概率分布函数图上则为 $P(x_2)$ 和 $P(x_1)$ 的高度之差，如果用数学式来表达，则有

$$P_{\mathrm{rob}}\big[x_1 \leqslant x(t) \leqslant x_2\big] = P(x_2) - P(x_1) = \int_{-\infty}^{x_2} p(x)\mathrm{d}x - \int_{-\infty}^{x_1} p(x)\mathrm{d}x = \int_{x_1}^{x_2} p(x)\mathrm{d}x$$

$$\tag{2-15}$$

由上述分析可知，对于任一个指定值而言，在概率密度曲线上是没有概率可言，指定点只存在着概率密度，只有概率密度乘上区间才有概率的意义，即概率是概率密度曲线下的面积。

2.2.3 信号的时域描述及分析

常见的信号多是动态信号，是随时间而变化的。信号幅值域分析忽略了时间顺序的影响，因而数据的任意排列所计算的结果是一样的。而时域分析是分析信号随时间的变化情况，是按照时间序列分析的。时域分析主要方法有相关分析和时序分析。

常用工程信号都是时域波形的形式，它有直观、包含的信息量大、易于理解等特点，但缺点是不太容易看出所包含信息与故障的联系。而对于某些故障信号，其时域波形具有明显的特征，这时可以利用时域波形作出初步判断。例如旋转机械，发生不平衡故障时，振动信号的原始时间波形为正弦波，信号中有明显的以旋转频率为特征的周期成分；发生转轴平行

不对中故障时振动信号原始时间波形为畸变的正弦波，信号在一个周期内，旋转频率的 2 倍频成分明显加大，即一周波动 2 次。而当故障轻微或信号中混有较大干扰噪声时，载有故障信息的波形特征就会被淹没。为了提高信号的质量，往往要对信号进行预处理，消除或减少噪声及干扰。

2.2.3.1 时域分解

为了在时域内分清信号的性质，可从不同角度将信号分解。常用的分解类型有：稳态分量与交变分量、脉冲分量、实部分量与虚部分量、正交函数分量等。

(1) 稳态分量与交变分量

如图 2-13 所示，信号 $x(t)$ 可以分解为稳态分量和交变分量。稳态分量可以是直流分量，也可以是一种有规律变化的量。交变分量可能包含了所研究物理信息的幅、频、相信息，也可能包含随机变化的干扰噪声。

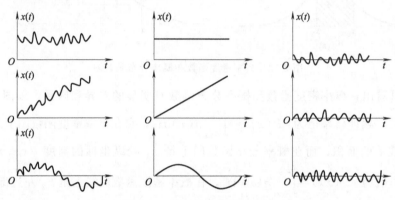

图 2-13　稳态分量和交变分量

(2) 脉冲分量

信号 $x(t)$ 可以分解为许多脉冲分量（如矩形窄脉冲分量、连续阶跃信号）之和，如图 2-14 表示的就是将一个函数分解为若干个矩形脉冲。

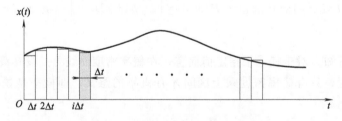

图 2-14　信号分解为矩形脉冲之和

(3) 实部分量和虚部分量

一般实际物理信号多为实信号，但在信号分析理论中，常借助复信号来研究问题，主要用于既要考虑幅值又要考虑相位的情况。此时信号可分解为实部分量与虚部分量的叠加，即

$$x(t) = x_R(t) + j x_I(t) \tag{2-16}$$

其中 $x_R(t)$ 为实部分量，$x_I(t)$ 为虚部分量。

信号的模和相位为

$$|x(t)| = \sqrt{x_R^2(t) + x_I^2(t)} \tag{2-17}$$

$$\varphi = \arctan \left| \frac{x_I(t)}{x_R(t)} \right| \tag{2-18}$$

2.2.3.2 时域相关分析

信号分析中，相关是一个非常重要的概念。所谓相关，就是指变量之间的线性联系。对于确定信号来讲，两个变量之间可以用函数来描述，两者一一对应并为确定的数值。两个随机变量之间不具有这样确定的关系，但是如果这两个变量之间具有某种内涵的物理联系，那么通过大量统计就可以发现它们中间还是存在着某种虽不精确但相应、可表征其特性的关系。例如，在齿轮箱中，滚动轴承滚道上的疲劳应力和轴向载荷之间不能用确定的函数来表示，但是通过大量的统计可以发现，轴向载荷较大时疲劳应力也相应地比较大，这两个变量之间有一定的线性关系。

(1) 相关系数

以两个变量 x 和 y 之间的关系为例，如果它们是确定的变量，则为函数关系。如图 2-15（a）、（e）所示，x 和 y 之间为直线关系。如果它们都是随机变量，则可用相关关系来表示。在图 2-15（c）中的变量中，(x, y) 呈不规则分布，表明随机变量 x 和 y 之间不存在相关关系。而在图 2-15（b）、（d）中，则表明变量 x、y 存在某种相关关系。

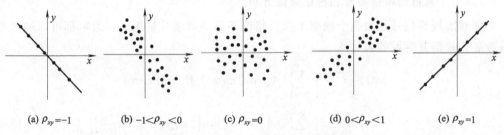

(a) $\rho_{xy} = -1$ (b) $-1 < \rho_{xy} < 0$ (c) $\rho_{xy} = 0$ (d) $0 < \rho_{xy} < 1$ (e) $\rho_{xy} = 1$

图 2-15 变量 x、y 之间的不同相关情况

由概率统计学可知，两个随机变量 x 和 y 之间的线性相关程度可用相关系数 ρ_{xy} 来描述，即

$$\rho_{xy} = \frac{c_{xy}}{\sigma_x \sigma_y} = \frac{E[(x - \mu_x)(y - \mu_y)]}{\sqrt{E(x - \mu_x)^2 E(y - \mu_y)^2}} \tag{2-19}$$

式中 c_{xy}——x 和 y 波动量之积的数学期望，称之为协方差，表征 x、y 之间的关联程度；

σ_x、σ_y——随机变量 x，y 的均方差。

相关系数 ρ_{xy} 的范围为 $[-1, 1]$。其绝对值越接近 1，表示 x、y 两变量的线性相关关系越强，反之则越弱。当其值接近或等于零时，虽然表明两变量之间基本线性无关，但是它们之间也可能存在某种非线性的相关关系。

(2) 相关函数

对于时间变量的函数，引入一个新的度量单位来考察变量之间的相关情况，这就是相关函数。如果所研究的随机变量 x，y 是一个与时间有关的函数，即 $x(t)$ 与 $y(t)$，令两个信号之间产生时差 τ，就可以研究两个信号在时差中的相关性，因此相关函数的定义为

$$R_{xy}(t) = \int_{-\infty}^{\infty} x(t) y(t - \tau) dt \tag{2-20}$$

$$R_{yx}(t) = \int_{-\infty}^{\infty} y(t) x(t - \tau) dt \tag{2-21}$$

显然，相关函数是两个信号之间时差 τ 的函数

通常将 $R_{xy}(t)$ 或 $R_{yx}(t)$ 称为互相关函数。如果 $x(t)=y(t)$，则 $R_{xy}(t)$ 或 $R_{yx}(t)$ 称为自相关函数，上式变为

$$R_x(t)=\int_{-\infty}^{\infty}x(t)x(t-\tau)\mathrm{d}t \tag{2-22}$$

2.2.4 信号的频域分析

由信号的类型和性质可知，分析信号的频率结构是确定信号性质的有效途径，它是要研究信号是由哪些频率成分所组成，对应于每一个频率，它们的幅值大小、幅值在单位频率上的密度、幅值的能量或功率以及其相位的变化情况。这个分析过程通常称为频谱分析或频域分析。其分析结果常以频率为横坐标，而以振幅值、幅值谱密度、能量谱密度、功率谱密度或相位为纵坐标构成图形，称为频谱图。信号时域描述能直观地反映出信号瞬时值随时间变化的情况，而频域描述则反映信号的频率组成及其幅值、相位角的大小等。工程上常见的频谱分析有如下几种：离散的幅值频谱和相位频谱、连续的幅值谱密度和相位谱密度以及连续的功率谱密度分析等。

2.2.4.1 离散的幅值频谱和相位频谱分析

周期和准周期信号是由数个频率不同、相位不等的谐波分量组成，通常都可以通过傅里叶级数展开获得其时域的表达式

$$
\begin{aligned}
x(t)&=\frac{x_0}{2}+\sum_{n=1}^{\infty}(A_n\cos2\pi nft+B_n\sin2\pi nft)\\
&=\frac{x_0}{2}+\sum_{n=1}^{\infty}\sqrt{A_n^2+B_n^2}\sin\left(2\pi nft+\mathrm{tg}^{-1}\frac{A_n}{B_n}\right)\\
&=\frac{x_0}{2}+\sum_{n=1}^{n}x_n\sin(2\pi nft+\varphi_n)
\end{aligned}\tag{2-23}
$$

式中，$\dfrac{x_0}{2}=\dfrac{1}{T}\displaystyle\int_{-\frac{T}{2}}^{\frac{T}{2}}x(t)\mathrm{d}t=\overline{X}$，代表了信号的静态分量。

$$
A_n=\frac{2}{T}\int_{-\frac{T}{2}}^{\frac{T}{2}}x(t)\cos2\pi nft\,\mathrm{d}t,n=1,2,\cdots
$$

$$
B_n=\frac{2}{T}\int_{-\frac{T}{2}}^{\frac{T}{2}}x(t)\sin2\pi nft\,\mathrm{d}t,n=1,2\cdots
$$

$$
x_n=\sqrt{A_n^2+B_n^2} \tag{2-24}
$$

$$
\varphi_n=\mathrm{tg}^{-1}\frac{A_n}{B_n}
$$

工程上，傅里叶级数还常用复指数的形式来描述，由欧拉公式可知

$$\mathrm{e}^{j2\pi nft}=\cos2\pi nft+j\sin2\pi nft$$

$$\mathrm{e}^{-j2\pi nft}=\cos2\pi nft-j\sin2\pi nft$$

由此得　$\cos2\pi nft=\dfrac{\mathrm{e}^{j2\pi nft}+\mathrm{e}^{-j2\pi nft}}{2};\sin2\pi nft=-\dfrac{j(\mathrm{e}^{j2\pi nft}-\mathrm{e}^{-j2\pi nft})}{2}$

将它们代入式(2-23)得

$$x(t) = \frac{x_0}{2} + \sum_{n=1}^{\infty} \left[A_n \frac{e^{j2\pi nft} + e^{-j2\pi nft}}{2} - jB_n \frac{e^{j2\pi nft} - e^{-j2\pi nft}}{2} \right]$$

$$= \frac{x_0}{2} + \sum_{n=1}^{\infty} \left[\frac{A_n - jB_n}{2} e^{j2\pi nft} + \frac{A_n + jB_n}{2} e^{-j2\pi nft} \right]$$

令 $C_0 = \dfrac{x_0}{2}$，$C_n = \dfrac{A_n - jB_n}{2}$，$C_{-n} = \dfrac{A_n + jB_n}{2}$，则，

$$x(t) = C_0 + \sum_{n=1}^{\infty} \left[C_n e^{j2\pi nft} + C_{-n} e^{-j2\pi nft} \right] = C_0 + \sum_{n=-\infty}^{\infty} C_n e^{j2\pi nft} \tag{2-25}$$

其中 C_n 和 C_{-n} 是一对共轭复数，它也可以表达为

$$C_n = |C_n| e^{j\theta_n} \tag{2-26}$$

式中，$\theta_n = \text{tg}^{-1} \dfrac{I_m(C_n)}{R_e(C_n)}$；$I_m(C_n)$ 为 C_n 的虚部；$R_e(C_n)$ 为 C_n 的实部；$|C_n|$ 为 C_n 的模。

式(2-24) 和 (2-25) 是一对等价的表达式，说明任一个复杂的周期性信号都可靠傅里叶级数展开进行频率分解，其中 x_n 和 C_n 都反映出各次谐波振幅的大小，以谐波频率为横坐标，以 x_n 或 C_n 为纵坐标得到幅值频谱图。同理，以相位 φ_n 为纵坐标得到相位频谱图。

2.2.4.2　连续的幅值谱密度函数分析

瞬变信号由无限多个频率连续的谐波分量组成，它不能利用傅里叶级数进行频率分解，只能用傅里叶积分的形式来表达。傅里叶积分定理表述为：

若函数 $x(t)$ 在区间 $(-\infty, +\infty)$ 上满足条件：

ⅰ.$x(t)$ 在任一有限区间上满足狄氏条件；

ⅱ.$x(t)$ 在无限区间 $(-\infty, +\infty)$ 上绝对可积（即积分收敛）则有

$$\int_{-\infty}^{\infty} |x(t)| \, dt$$

因而有

$$x(t) = \int_{-\infty}^{\infty} \left[\int_{-\infty}^{\infty} x(t) e^{-j2\pi ft} \, dt \right] e^{j2\pi ft} \, df \tag{2-27}$$

其中有

$$X(f) = \int_{-\infty}^{\infty} x(t) e^{-j2\pi ft} \, dt \tag{2-28}$$

则有

$$x(t) = \int_{-\infty}^{\infty} X(f) e^{j2\pi ft} \, df \tag{2-29}$$

式(2-28) 表明时域函数 $x(t)$ 通过积分可变换为频域函数 $X(f)$，称为傅里叶正变换，记作 $X(f) = F[x(t)]$。式(2-29) 表明频域函数 $X(f)$ 通过积分也可逆变换为时域函数 $x(t)$，称为傅里叶逆变换，记作 $X(f) = F^{-1}[x(t)]$。频域函数 $X(f)$ 也常用复数的形式来表达

$$X(f) = R(f) + jI(f) = |X(f)| e^{j\theta(f)} \tag{2-30}$$

式中，$R(f)$ 为傅里叶变换的实部；$I(f)$ 为傅里叶变换的虚部；$|X(f)|$ 为傅里叶变换 $X(f)$ 的模，其值为

$$|X(f)| = \sqrt{R^2(f) + I^2(f)} \qquad (2\text{-}31)$$

$\theta(f)$ 为傅里叶变换的相角，其值为

$$|\theta(f)| = \text{tg}^{-1}\frac{I(f)}{R(f)} \qquad (2\text{-}32)$$

$|X(f)|$ 是频率 f 的函数，通常称为 $x(t)$ 的幅值谱密度函数，这里要着重说明的是它具有谱密度的含义，其量纲为单位频率下的幅值，只有 $X(f)$ 乘上一个微小频带宽 Δf，才具有物理概念中幅值的含义。$\theta(f)$ 也是频率的函数，称为 $x(t)$ 的相位谱密度函数，也是一个连续谱图。

2.2.5 信号采集与处理

信号采集是指从传感器或其他待测设备中自动采集非电量或者电量信号，送到上位机中进行分析、处理。信号采集的过程主要包括信号预处理和 A/D 转换等。信号处理是对各种类型的电信号，按各种预期的目的及要求进行加工的过程。对模拟信号的处理称为模拟信号处理，对数字信号的处理称为数字信号处理。

2.2.5.1 信号预处理

监测或检测的信号主要来源于机器或零部件在运行中的状态，传感器把这些信息采集并转换成电信号。这些信息和信号中，有些是有用的，能反映设备故障部位的症状，有些是无用的，需要排除，因此要对信号进行预处理。

(1) 信号预处理的目的

信号预处理的目的是把信号变成适于数字处理的形式，以减小数字处理的难度，同时提高信号的可靠性和数据的精度，使故障诊断的结果更加可靠。预处理的核心问题是提高信号的信噪比，这是因为信号在采样时往往受到各种干扰，且设备早期故障信号比较微弱，常被淹没于噪声之中。

① 异常数据的剔除　在采样过程中，由于突然发生传感器失灵、噪声干扰等原因，信号中会掺进一些杂乱值，使信号中产生过高或过低的突变点——异常点。如果这些异常点不预先剔除，将使分析结果受到歪曲。

在工程实践中，一般通过数据图表检查异常点的存在，或计算各采样值的标准偏差，根据概率统计理论将偏差大于 3σ 以上的数据剔除。

② 趋势项的提取和消除　趋势项是振动周期比信号采样长度还要大的频率成分。趋势项通常由采样系统的原理、性能缺陷所引起，在时间序列上表现为线性的或缓慢变化的趋势误差。它的存在可能会使低频的谱分析出现很大的畸变，甚至完全失去真实性，所以在信号分析前应从样本记录中将这类趋势项消除。但趋势项也可能是原始信号中本来包含的成分，是由于设备本身缓慢发展的故障造成的。这种趋势项包含着机器的状态信息，应加以提取利用而不能消除。

消除或提取趋势项可在离散采样前通过滤波法来完成。用高通滤波法可消除趋势项，用低通滤波法可提取趋势项。离散采样后也可通过专用程序利用计算方法完成这一工作。

③ 信噪比的提高　在采得的信号中，总是混有干扰成分的，此即所谓的噪声。噪声过大，有用信号不突出，便难以做出准确的故障诊断。在技术上用信噪比来衡量信号和噪声的比例关系，用符号 S/N 表示。在做信号分析前，设法减少噪声干扰的影响，提高 S/N 是信

号预处理的一项重要内容。

提高信噪比的途径主要是时域平均和滤波两种方法。滤波法是设法使噪声与有用信号分离，并予以抑制和消除。滤波法有模拟滤波和数字滤波两种方式，有低通、高通、带通和带阻等四种基本类型。

用滤波法降噪，要求有用信号和噪声的分布范围或分布特性不同，否则是无法将噪声抑制或滤除的。对于两者完全分离的情况，使用相应的滤波器即可。对于两者部分重叠的情况，将非重叠的噪声滤除也可改善 S/N。对于两者重叠的情况，可用相关函数法提取周期故障信号，从这种意义上说，相关函数法也是一种滤波法，称为相关滤波；另外还可用窄带滤波法保留所需信号，但需预先知道信号频率。

上述滤波法降噪是传统的降噪方法，当然还有傅里叶变换（FFT 法），但是 FFT 去噪不能将有用信号的高频部分和由噪声引起的高频干扰加以区分，很难在去除高频噪声的同时保留信号高频成分。为了解决这类问题，可引入小波变换去噪，可以很好地保护有用的信号尖峰和突变信号。小波变换适合用于瞬态信号的噪声去除，以及抑制高频噪声的干扰，能有效地将高频信息和高频噪声区分开来。其降噪的原理是保留主要由信号控制的小波系数，发现并去掉由噪声控制的小波系数，剩下的小波系数做逆变换得到去噪信号。去噪声的理论依据是：经小波分解后，信号的小波系数幅值要大于噪声的系数幅值。

（2）信号预处理装置

信号预处理过程主要使用以下几种设备、仪器或电路。

① 解调器　在测试技术中，许多情况下需要对信号进行调制。例如被测物理量经传感器变换为调制低频缓变的微弱信号时，需要采用交流放大，这时需要调幅；电容、电感等传感器都采用了调频电路，将被测物理量转换为频率；对于需要远距离传输的信号，也需要进行调制处理。因此，在对上述信号进行数据采集、A/D 转换之前，需要先进行解调处理以得到信号的原貌。

② 放大器（或衰减器）　对输入信号的幅值进行处理，将输入信号的幅值调整到与转换器的动态范围相适应的大小。实际工程中，这一部分功能一般通过接口箱内的插卡电路来实现。

③ 滤波器　滤波器是一种选频装置，可以使信号中特定的频率成分通过（或阻断），而极大地衰减（或放大）其他频率成分，在测试装置中，利用滤波器的这种选频作用，可以滤除干扰噪声或进行频谱分析。

根据滤波器的选频作用，一般分为低通、高通、带通和带阻滤波器。图 2-16 表示了这四种滤波器的幅频特性。

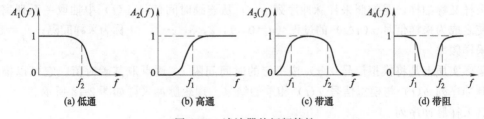

图 2-16　滤波器的幅频特性

图 2-16（a）是低通滤波器的幅频特性，频率大小在 $0 \sim f_2$ 之间，幅频特性平直，因此低于 f_2 频率的信号成分几乎不衰减通过，而高于 f_2 频率的成分产生极大的衰减。

图 2-16（b）是高通滤波器的幅频特性，与低通滤波器相反，频率大小在 $f_1 \sim \infty$，其幅频特性平直。信号中高于 f_1 的频率成分几乎不衰减通过，而低于 f_1 频率成分将产生极大的衰减。

图 2-16（c）表示带通滤波器的幅频特性，它的通频带为 $f_1 \sim f_2$。信号中高于 f_1 且低于 f_2 的频率成分可以不衰减通过，而其他成分产生衰减。

图 2-16（d）表示带阻滤波器的幅频特性，与带通滤波相反，阻带频率范围为 $f_1 \sim f_2$。信号中高于 f_1 且低于 f_2 的频率成分产生衰减，其他频率成分几乎不衰减地通过。

上述四种滤波器中，在通带与阻带之间存在一个过渡带，在此带内，信号受到不同程度的衰减。这个过渡带是滤波器不希望的，但也是不可避免的。

④ 隔直电路　由于很多信号中混有较大的直流成分，会造成信号超出 A/D 转换的动态范围，且对故障诊断又没有意义，因此需要使用隔直电路滤掉被分析信号中的直流分量。

除解调器外，后三种设备或电路几乎是所有的数字信号处理系统中都有的，特别是放大（衰减）器和滤波器，是信号预处理的关键部分。

2.2.5.2　A/D 转换

A/D 转换是将预处理后的模拟信号变换为数字信号，存入到指定的位置。把模拟信号转换为与其相对应的数字信号的过程称为模数（A/D）转换过程，这是数字信号处理的必要程序。其核心是 A/D 转换器，信号采集系统的性能指标（精度、采样速度等）主要由 A/D 转换器来决定。如图 2-17 所示，A/D 转换过程主要包括采样、量化、编码三部分。

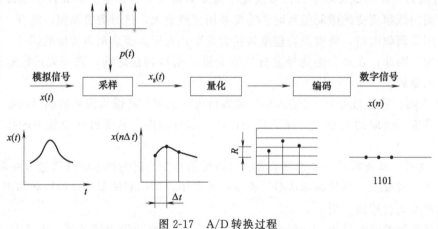

图 2-17　A/D 转换过程

(1) 采样

采样又称抽样，是按照采样脉冲序列 $p(t)$ 从连续时间信号 $x(t)$ 中抽取一系列离散样值，使之成为采样信号 $x(n\Delta t)$ 的过程（$n = 0, 1, 2, 3, \cdots$）。Δt 称为采样间隔；$f_s = 1/\Delta t$，称为采样频率。

采样实质上是将模拟信号 $x(t)$ 按一定的时间间隔 Δt 逐点取其瞬时值。它可以描述为采样脉冲序列 $p(t)$ 与模拟信号 $x(t)$ 相乘的结果。理想脉冲采样如图 2-18 所示。

其采样脉冲序列

$$p(t) = \delta_{\Delta t}(t) = \sum_{N = -\infty}^{\infty} \delta(t - n\Delta t) \tag{2-33}$$

而采样信号

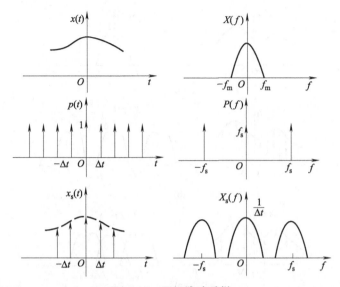

图 2-18　理想脉冲采样

$$x_s(t) = x(t)p(t) \tag{2-34}$$

① 间隔和频率混淆　采样的关键是如何确定合理的采样间隔 Δt 以及采样长度 T，以保证采样所得的数字信号能真实地代表原来的连续信号 $x(t)$。

一般来讲，采样频率 f_s 越高，采点越密，所获得的数字信号越逼近原信号。然而，当采样长度 T 一定时，f_s 越高，数据量 $N = T/\Delta t$ 越大，所需的计算机存储量和计算量就越大。反之，当采样频率降低到一定程度，就会丢失或歪曲原来信号的信息。

Shannon 采样定理给出了不丢失信息的最低采样频率 $f_s \geqslant 2f_{max}$，此处，f_{max} 为原信号中最高频率成分的频率，如果不能满足此采样定理，将会产生频率混淆现象。这可以用谐波的周期性加以说明，因为有

$$\cos(2\pi f n \Delta t) = \cos(2\pi n m \pm 2\pi f n \Delta t) = \cos[2\pi n \Delta t(m/\Delta t \pm f)] \tag{2-35}$$

如果原来的连续信号是 $\cos(2\pi f' n \Delta t)$，并且有

$$f' = m/\Delta t \pm f = m f_s \pm f \tag{2-36}$$

式中，$m = 0, 1, 2, 3, \cdots$

则采样所得的信号都可为 $\cos(2\pi f n \Delta t)$（上式中，f' 只取正值）。例如当 $f = f_s/4$ 时，f' 可为 $f_s/4, 3f_s/4, 7f_s/4, \cdots$ 也就是说原始信号的频率为 $f_s/4, 3f_s/4, 7f_s/4, \cdots$ 经采样所得的数字信号的频率为 $f_s/4$，这意味着发生了频率混淆。如果限制 $f' \leqslant f_s/2$ 就不会发生频率混淆现象。

根据信号的傅里叶变换，可以从另一个角度来理解频率混淆的机理。频率混淆是由于采样以后采样信号频谱发生变化，而出现高、低频成分混淆的一种现象，如图 2-19 所示。

图 2-19（a）表明，信号的傅里叶变换为 $X(f)$，其频带范围为 $-f_{max} \sim f_{max}$，采样信号 $x_s(t)$ 的傅里叶变换是一个周期性谱图，周期为 Δt，且 $f_s = 1/\Delta t$。

图 2-19（b）表明，当满足采样定理，即 $f_s > 2f_{max}$ 时，周期谱图相互分离。

而图 2-19（c）表明，当不满足采样定理，即 $f_s < 2f_{max}$ 时，周期谱图相互重叠，即谱图的高频与低频部分发生重叠，这使信号复原时产生混淆。

为了解决频率混淆的问题，从上述理论反推，可有以下解决方法：

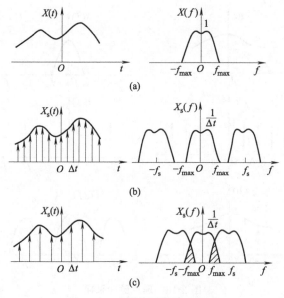

图 2-19 采样信号的混淆现象

i. 频率需满足采样定理，一般工程中取 $f_s = (2.56 \sim 4) f_{max}$。

ii. 低通滤波器滤掉不必要的高频成分以防频混产生，如滤波器的截止频率为 f_{cut}，则 $f_{cut} = f_s / (2.56 \sim 4)$。

② 采样长度与频率分辨率 当采样间隔 Δt 一定时，采样长度 T 越长，数据 N 就越大。为了减少计算量，T 不宜太长。但是若 T 太短，则不能反映信号的全貌，因为在做傅里叶分析时，频率分辨率 Δf 与采样长度 T 成反比

$$\Delta f = 1/T = 1/N\Delta t \tag{2-37}$$

显然，需要综合考虑合理解决采样频率与采样长度之间的矛盾。

一般在信号分析中，采样点数 N 选取 2^n，使用较多的有 512、1024、2048 点等，若分析频率范围取 $f_c = f_s/2.56 = 1/(2.56\Delta t)$，则

$$\Delta f = 1/(\Delta t N) = 2.56 f_c / N = (1/200, 1/400, 1/800) f_c \tag{2-38}$$

在旋转机械健康监测与故障诊断系统中，多采用整周期采样。假定对旋转频率为 f 的机组，每周期均匀采集 m 个点，共采 J 个周期，则采样点数 N 为：$N = mJ$。

因

$$\Delta t = \frac{1}{f} \cdot \frac{1}{m} = \frac{1}{mf} \tag{2-39}$$

所以

$$\Delta f = \frac{1}{N\Delta t} = \frac{mf}{mJ} = \frac{f}{J} \tag{2-40}$$

即

$$J\Delta f = f \tag{2-41}$$

这就保证了关键频率的准确定位，例如对于每周期采 32 个点，每次采样 32 个周期的信号，有 $N = 1024$，$\Delta f = f/32$，$32\Delta f$ 正好是旋转频率 f。

(2) 量化

在数字信号处理领域，量化指将信号的连续取值（或者大量可能的离散取值）近似为有限多个（或较少的）离散值的过程。量化主要应用于从连续信号到数字信号的转换中。连续信号经过采样成为离散信号，离散信号经过量化即成为数字信号。注意离散信号通常情况下并不需要经过量化的过程，但可能在值域上并不离散，还是需要经过量化的过程。量化又称

幅值量化。

若取信号 $x(t)$ 出现的最大值 A，令其分为 D 个间隔，则每个间隔长度为 $R = A/D$，R 称为量化增量或量化步长。当采样信号 $x(n\Delta t)$ 落在某一小间隔内，经过舍入或截尾方法而变为有限值时，则产生量化误差。

量化增量 R 越大，则量化误差越大。量化增量的大小一般取决于计算机位数，其位数越高，量化增量越小，误差也越小。比如，8 位二进制为 $2^8 = 256$，即量化增量为所测信号最大电压幅值的 $1/256$。12 位二进制为 $2^{12} = 4096$。由此可见，12 位 A/D 转换器的精度要远高于 8 位 A/D 的精度。

(3) 编码

将离散幅值经过量化以后变为二进制数字称为编码，即

$$A = RD = R\sum_{i=n}^{m} a_i 2^i \tag{2-42}$$

式中，a_i 取 0 或 1。信号 $x(t)$ 经过上述变换以后，即成为时间上离散、幅值上量化的数字信号。

2.2.5.3　信号处理方法

信号处理方法有快速傅里叶变换（Fast Fourier Transform，FFT）、短时傅里叶变换（Short-time Fourier Transform，STFT）、小波分析、倒频谱、希尔伯特变换、经验模态分解（EMD）等。

(1) 快速傅里叶变换

FFT 是离散傅里叶变换的快速算法，可以将时域信号变换到频域。有些信号在时域上是很难看出特征的，但是变换到频域之后，就很容易看出特征了。在分析线性、平稳信号时，傅里叶变换有优良的性能。

优点：利用傅里叶变换把信号映射到频域内，可以看频域上的频率和相位信息，提取信号的频谱，用信号的频谱特性分析时域内难以看清的问题。

缺点：①快速傅里叶变换是整个时间域内的积分，不能反映某一局部时间内信号的频谱特性，即在时间域上没有任何分辨率。②快速傅里叶变换可能会漏掉较短时间内信号的变化，特别是少数突出点。

(2) 短时傅里叶变换

STFT 把信号划分成许多较小的时间间隔，并且假定信号在短时间间隔内是平稳（伪平稳）的，用傅里叶变换分析每一个时间间隔，以确定该间隔存在的频率，以达到时频局部化的目的，适用于平稳信号。

优点：①比起傅里叶变换更能观察出信号瞬时频率的信息。②在一定程度上，克服了傅里叶变换全局变换的缺点。

缺点：①短时傅里叶变换用来分析分段平稳信号或者近似平稳信号尚可，但是对于非平稳信号，当信号变化剧烈时，要求窗函数有较高的时间分辨率；而波形变化比较平缓的时刻（主要是低频信号），则要求窗函数有较高的频率分辨率，不能兼顾频率与时间分辨率的需求。②短时傅里叶变换使用一个固定的窗函数，窗函数一旦确定了以后，其形状和大小就不再发生改变，短时傅里叶变换的分辨率也就确定了。如果要改变分辨率，则需要重新选择窗函数。

（3）小波分析

小波分析是一种窗口大小固定、形状可变，时间窗和频率窗都可以改变的时频局部化信号分析方法，即在低频部分具有较高的频率分辨率和较低的时间分辨率，在高频部分具有较高的时间分辨率和较低的频率分辨率。适合分析非平稳信号和提取信号的局部特征。

优点：ⅰ时域和频域同时具有良好的局部性质，因而能有效地从信号中提取信息，能够较准确的检测出信号的奇异性及其出现位置。ⅱ小波分析具有能够根据分析对象自动调整有关参数的"自适应性"和能够根据观测对象自动"调焦"的特性。

缺点：ⅰ时间窗口与频率窗口的乘积为一个常数，这就意味着如果要提高时间精度就得牺牲频率精度，反之亦然，故不能在时间和频率同时达到很高的精度。ⅱ小波变换通过小波基的伸缩和平移实现信号的时频分析局部化，小波基一旦选定，在整个信号分析过程中只能使用这一个小波基，这将造成信号能量的泄漏，产生虚假谐波。

（4）倒频谱

倒频谱是对功率谱的对数值进行傅里叶逆变换，将复杂的卷积关系变为简单的线性叠加，从而在其倒频谱上可以较容易地识别信号的频率组成分量，便于提取所关心的频率成分，较准确地反映故障特性。时域信号经过傅里叶积分变换可转换为频率函数或功率谱密度函数，如果频谱图上呈现出复杂的周期结构而难以分辨时，对功率谱密度取对数再进行一次傅里叶积分变换，可以使周期结构呈便于识别的谱线形式。

优点：ⅰ该分析方法受传感器的测点位置及传输途径的影响小，能将原来频谱图上成簇的边频带谱线简化为单根谱线，对于具有同族谐频、异族谐频和多成分边频等复杂信号的分析甚为有效。ⅱ可以分析复杂频谱图上的周期结构，分离和提取在密集调频信号中的周期成分。

缺点：进行多段平均的功率谱取对数后，功率谱中与调制边频带无关的噪声和其他信号也都得到较大的权系数从而被放大，降低了信噪比。

（5）希尔伯特变换

将信号 $s(t)$ 与 $1/(\pi t)$ 做卷积，以得到 $s'(t)$。因此，希尔伯特变换结果 $s'(t)$ 可以被解读为输入是 $s(t)$ 的线性非时变系统的输出，而此系统的脉冲响应为 $1/(\pi t)$，适用于窄带信号。

优点：ⅰ通过希尔伯特变换，使得对短信号和复杂信号的瞬时参数的定义及计算成为可能，能够实现真正意义上的瞬时信号的提取。ⅱ用希尔伯特变换就是为了构造解析信号，因为在分析中用解析信号比较方便，而且该解析信号的谱是原信号谱的 1/2（正半轴的谱）。

缺点：ⅰ希尔伯特变换只能近似应用于窄带信号，但实际应用中，存在许多非窄带信号，希尔伯特变换对这些信号无能为力。即便是窄带信号，如果不能完全满足希尔伯特变换条件，也会使结果发生错误。而实际信号中由于噪声的存在，会使很多原来满足希尔伯特变换条件的信号无法完全满足。ⅱ对于任意给定时刻 t，通过希尔伯特变换运算后的结果只能存在一个频率值，即只能处理任何时刻为单一频率的信号。ⅲ对于一个非平稳的数据序列，希尔伯特变换得到的结果很大程度上失去了原有的物理意义。

（6）经验模态分解

经验模态分解方法从本质上讲是对一个信号进行平稳化处理，其结果是将信号中不同尺度的波动或趋势逐级分解开来，产生一系列具有不同特征尺度的数据序列，每一个序列称为一个本征模函数（IMF）。适用非平稳非线性信号。

优点：①经验模态分解的基本思想：将一个频率不规则的波化为多个单一频率的波＋残波的形式。②经验模态分解是一种基于信号局部特征的信号分解方法，具有很高的信噪比。③是一种自适应的信号分解方法。

缺点：模态混叠频繁出现。

第3章 设备健康监测与诊断实施技术

设备的健康监测与故障诊断是从监测得到的相关特征参量的信息中提取故障信息，进而进行故障诊断的一种技术。根据监测的特征参量，健康监测与故障诊断技术可分为振动监测与诊断技术、温度监测与诊断技术、油污染监测与诊断技术、无损检测技术及综合诊断技术等。

3.1 振动监测与诊断技术

机械振动是指物体或系统在受外部扰动或受力的情况下，物体或系统围绕其平衡位置所作的往复运动。机械设备在运行过程中，无论有无故障都存在围绕平衡位置的往复运动，即振动。正常情况下振动较小，不影响设备的正常运行。当机械设备内部发生故障或异常时，设备围绕平衡位置的往复运动加大，即振动加大。过大的振动会导致机械设备工作性能的变化，同时振动往往会加剧机器的磨损，加速疲劳破坏，影响其工作。而且，随着磨损的增加和疲劳损伤的产生，机械设备的振动将更加剧烈，如此恶性循环，直至设备发生故障、破坏。振动的理论和监测方法相对比较成熟，且监测方法简单易操作，因此，振动诊断技术是设备健康监测与故障诊断技术中最重要、最有效、应用最为广泛的技术之一。

3.1.1 机械振动的分类

由于各种系统的结构、参数不同，系统所受的激励不同，系统所产生的振动规律也不尽相同。根据振动所受的激励，振动可分为自由振动、强迫振动和自激振动。根据系统围绕平衡位置的往复运动的规律，振动可分为确定性振动和随机振动两大类。确定性振动是可以用某个确定的数学表达式或图表来描述的振动，其振动的波形具有确定的形状。确定性振动包括周期振动和非周期振动，其中周期振动分为简单周期振动（简谐振动）和复杂周期振动，非周期振动分为准周期振动和瞬时振动（图 3-1）。随机振动不能用确定的数学表达式或图表来描述，其振动波形呈不规则的变化，可用概率统计的方法来描述。

机械设备运行过程中常遇到的振动多为周期振动、准周期振动、窄频带随机振动、宽频带随机振动以及其中几种振动的组合等。

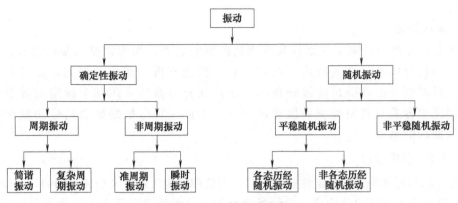

图 3-1　机械振动分类

3.1.1.1　确定性振动

(1) 简谐振动

简谐振动是机械振动中最简单、最基本的振动形式。若物体振动时其位移随时间变化的规律可用正弦（或余弦）函数表示，则称这种周期振动为简谐振动，其数学表达式为

$$x = A\sin(\omega t + \varphi) \tag{3-1}$$

式中　x——物体相对平衡位置的位移；

A——最大振幅，表示物体偏离平衡位置的最大距离；

ω——振动的角频率；

φ——振动的初相位角，用以表示振动物体的初始位置。

(2) 复杂周期振动

复杂周期信号具有明显的周期性，但其位移-时间曲线又不满足正弦或余弦函数。它通常由多个简单周期性信号叠加而成，其中有一个正弦周期性信号的周期和该复杂周期性信号的周期相同，该信号称为基波，基波对应的频率称为基频，其他各个正弦周期性信号的频率和基频之比为有理数，常为整数倍，称为高次谐波。

这类振动信号常见的波形有方波、三角波、锯齿波等，其时变函数均可按傅里叶级数展开，如方波的频谱图由离散的谱线组成。对于这类信号，单从其幅值大小和时间历程分析，不能很好地将它的性质描述清楚，必须找出它是由哪几个频率分量所组成，对应于某个频率，它的幅值有多大以及初始相位有多大，这个分析过程称为频谱分析。

(3) 准周期振动

准周期振动仍然由多个简单的周期性信号所组成，和复杂的周期性信号区别在于，组成复杂周期性信号的各个谐波频率之比为有理数，且往往是基频的整倍数，而准周期性信号的谐波频率之比为无理数，由这些简单周期性信号叠加起来的信号不再呈现周期性。由于它仍然是数个谐波的叠加，故也需要用频谱图来描述它的特性，其频谱图和复杂周期性信号的频谱一样，也是离散的。

周期振动与准周期振动的谱图虽然都是由一些离散的谱线构成，但两者是有区别的：周期振动的各谱线（代表相应的简谐分量）之间的间隔（频率间隔）均是相等的；而准周期振动的各谱线间的频率间隔是不等的，而且至少存在一个 $f_i(i=2，3，\cdots，n)$，使得 f_i/f_1 为无理数。

(4) 瞬时振动

在确定性振动中，除了周期性和准周期性振动之外，均为瞬变的振动信号，它们的特点是：仍然可以用时变函数式来描述，它的频谱不再是离散的谱图，而是一个连续的谱形。瞬时振动的频谱是连续分布的，而且其分布曲线可用某个确定的数学表达式描述，因此很容易与其他类型的振动区分开。由此，可以根据振动信号的频谱图准确地确定该振动的类型。

3.1.1.2　随机振动

随机振动与通常所说的确定性振动不同，无法用确定性函数来描述。例如，车辆行进中的颠簸、阵风作用下结构的响应、喷气噪声引起的舱壁颤动以及海上钻井平台发生的振动等，其振动过程既不能预知，也不重复。随机振动有着一定的统计规律，因此可以用概率和统计的方法来研究，用统计特征参数来描述随机振动的特性，用随机信号来描述随机振动。随机振动可分为平稳随机振动和非平稳随机振动，平稳随机振动又可分为各态历经随机振动和非各态历经随机振动。

3.1.2　振动测试传感器

通常用来描述振动响应的三个参数是位移、速度和加速度。由于机械设备结构复杂，设备的振动很难用传统的力学建模方式进行求解，因而选用振动测试的方式来获得振动的位移、速度、加速度、相位等。低频时的振动强度由位移值度量；中频时的振动强度由速度值度量；高频时的振动强度由加速度值度量。获得振动信息的设备称为拾振器，其中振动传感器是其核心部分。

振动传感器的作用是把被测对象的机械振动量（位移、速度或加速度）接收下来，并将此机械量转换成呈比例的电信号。测振传感器种类很多，根据所测参数来分，主要有位移传感器、速度传感器和加速度传感器等（详细分类如图 3-2 所示）。最常用的传感器是电涡流式位移传感器、电磁式速度传感器和压电式加速度传感器。其中压电式加速度传感器和电涡流式位移传感器使用最为广泛（图 3-3）。

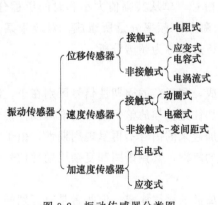

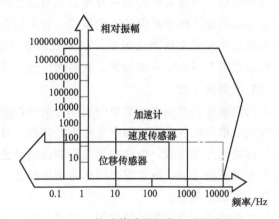

图 3-2　振动传感器分类图　　　　图 3-3　振动传感器频率与动态范围

3.1.2.1　电涡流式位移传感器

图 3-4 为电涡流式位移传感器的原理图。当通有交变电流的传感线圈靠近被测导体表面时，穿过导体的磁通量随时间而变化，于是在导体的表面感应出电涡流。这一电涡流产生的磁通又穿过原线圈，因此原线圈与产生涡流的导体相当于两个具有互感的线圈。

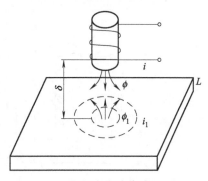

图 3-4　电涡流式位移传感器原理图

互感的大小同线圈与导体表面的间隙 δ 有关，其等效电路如图 3-5（a）所示。其中 R，L 为原线圈的电阻和自感，而 R_c，L_c 相当于涡流的电阻和自感；M 为互感。这一等效电路可简化成图 3-5（b）的形式。

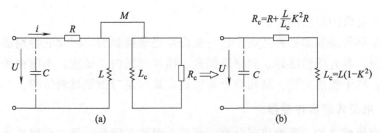

图 3-5　电涡流式传感器的等效电路图

可以证明，当电流频率 ω 很高时，$R_c \ll \omega L_c$，则传感器线圈的等效阻抗可简化为

$$Z = R_c + j\omega L_c \tag{3-2}$$

其中，$R_c = R + \dfrac{L}{L_c} K^2 R$，$L_c = L(1 - K^2)$。这里 $K = M/\sqrt{LL_c}$，为耦合函数。

由于互感 M 与线圈到导体表面的距离 δ 有关，因此 K 也随距离 δ 而变化。若在原线圈上并联一电容 C，即构成 R，C，L 振荡回路，其谐振频率为

$$f_0 = \frac{1}{2\pi\sqrt{LC(1 - K^2)}} \tag{3-3}$$

由此可见，在传感器线圈结构与被测导体材料确定之后，传感器的等效阻抗以及谐振频率都与耦合系数 K 有关，也就是与间隙 δ 的大小有关，这就是非接触式涡流传感器测量振动位移的依据。

为将位移的变化转换成相应的电压信号以便进行测量，又在谐振回路之前引进一分压电阻 R_ε，且 $R_\varepsilon \gg |Z|$，这样输出电压的幅值近似为［图 3-6（a）］

$$U_0 \approx \frac{Z}{R_\varepsilon} U_i \tag{3-4}$$

由此可见，当 R_ε 给定时，则输出电压仅取决于振荡回路的阻抗 Z，当输入电压 U_i 的频率 f 等于振荡回路的谐振频率 f_0 时，则 $|Z|$ 具有极大值，此时输出电压的幅值也达到极大值。当 f 大于或小于 f_0 时，则输出电压的幅值都将减小。对于给定的间隙 δ，就有一相应的 K 和 f_0，其输出电压幅值 U_o 随振荡频率变化的曲线如图 3-6（b）所示。

如果将线圈的振荡电压 U_f 的频率稳定在某一频率 f_T 上，这样就得到对应于不同间隙时的不同输出电压，于是就可获得如图 3-7 所示的输出电压 U_o 与间隙 δ 的关系曲线。显然，

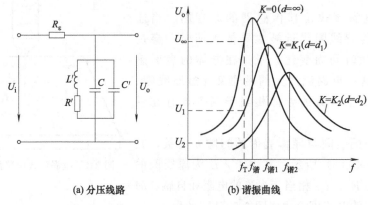

(a) 分压线路　　　　　(b) 谐振曲线

图 3-6　分压线路与谐振曲线

图上直线部分是有效的测量部分。

　　电涡流式位移传感器的主要特点是它与被测点是非接触的，因此它特别适用于旋转机械的轴的振动监测，具有线性度好、频率范围宽、线性范围内灵敏度、不随初始间隙的大小改变、不怕油污、抗干扰能力强、结构简单等优点，缺点是对被测材料敏感。

3.1.2.2　电磁式速度传感器

　　电磁式速度传感器的主要组成部分有：线圈、磁铁和磁路。其中磁路里留有圆环形空气间隙，而线圈处于气隙内，并在振动时相对于气隙运动，图 3-8 所示为其工作原理图。电磁式速度传感器基于电磁感应原理，即当运动的导体在固定的磁场里切割磁力线时，导体两端就感应生成电动势，其生成的电动势正比于导体运动速度，即

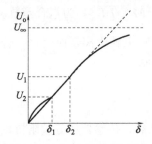

图 3-7　输出电压 U_o 与间隙 δ 的关系

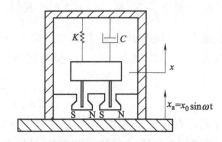

图 3-8　电磁式速度传感器工作原理图

$$e = -BLV \times 10^3 \, (V) \tag{3-5}$$

式中　B——空气间隙内的磁通密度；

　　　L——磁场内导线的有效长度，cm；

　　　V——线圈与磁力线的相对切割速度，cm/s。

　　对于给定的传感器来说，磁通密度与导线有效长度的乘积（BL）是个常数。因此，电磁式传感器的输出电压仅与导线切割磁力线的运动速度成正比。

　　根据动圈运动方式的不同，电磁式传感器可分为相对式和惯性式两种。图 3-9 所示的是惯性式速度传感器的结构。它的动圈与阻尼杯通过连杆连在一起构成集中质量，再通过弹簧片悬挂在传感器的外壳上，从而构成单自由度的质量弹簧系统。测量时传感器外壳与被测物体相固连，当被测的振动频率远高于传感器内振动系统的固有频率，即 $\omega \gg \omega_n$ 时，绝对位

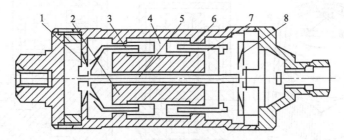

图 3-9　惯性式速度传感器的结构

1,8—弹簧片；2—永久磁铁；3—电磁阻尼器；4—铝架；5—芯杆；6—壳体；7—工作线圈

移和相对位移相近，亦即外壳相对于线圈的运动与外壳的绝对运动相同，线圈相对于绝对坐标是静止不动的，这样线圈切割磁力线的速度就等于被测物体的绝对速度。可见，这种传感器测量的是绝对振动速度。

这种传感器具有不需电源、简单方便、灵敏度高、输出信号大、阻抗低、电气性能稳定、对后接电路无特殊要求等优点，但具有动态范围有限、尺寸和重量大、弹簧体容易失效等缺点，所以这类传感器相比于电涡流式位移传感器和压电式加速度传感器，应用范围受到限制。

3.1.2.3　压电式加速度传感器

某些晶体材料，如天然石英晶体和人工极化陶瓷等，在承受一定方向的外力而变形时，内部会产生极化现象，在其表面产生电荷。在外力去掉后，又恢复不带电状态，这种将机械能转换成电能的现象称为压电效应，具有压电效应的材料称之为压电材料，利用压电效应制成的传感器称为压电式传感器。

(1) 压电式加速度传感器的结构与原理

压电式加速度传感器工作原理如图 3-10 所示。压电式加速度传感器是利用上述压电效应制成的机电换能器，当它承受机械振动时，在它的输出端产生与加速度成比例的电荷或电压量。与其他种类传感器相比，它具有灵敏度高、频率范围宽、线性动态范围大、体积小等优点，因此它是振动测量的主要传感器形式。

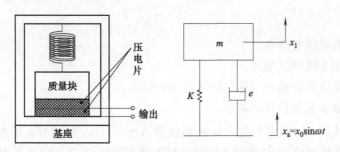

图 3-10　压电式加速度传感器工作原理图

图 3-11 给出了三角式、压缩式及剪切式三种常见的压电式加速度传感器的结构形式。

以压缩式为例说明其工作原理。图 3-12 为压缩式加速度传感器的力学模型，设 K 为简化的弹簧刚度，它是顶压弹簧刚度 K_1 与压电片等效刚度 K_2 之和，c 为系统的等效阻尼。设加速度传感器的基座随被测物体的绝对运动为 u，质量块相对于基座的相对运动为 x，则

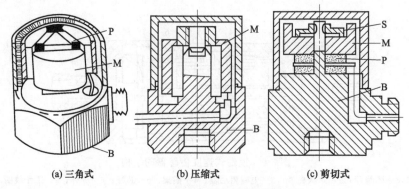

(a) 三角式   (b) 压缩式   (c) 剪切式

图 3-11   压电式加速度传感器的结构

S—弹簧；M—质量块；B—基座；P—压电元件

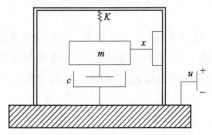

图 3-12   压缩式加速度传感器力学模型

质量块的绝对运动为 $(u+x)$，简化弹簧所产生的变形力为 $-Kx$，阻尼力为 $-c\,\mathrm{d}x/\mathrm{d}t$。

根据牛顿第二定律，质量块运动方程为

$$m\frac{\mathrm{d}^2}{\mathrm{d}t^2}(u+x)+c\frac{\mathrm{d}}{\mathrm{d}t}x+Kx=0 \tag{3-6}$$

经整理移项得

$$m\frac{\mathrm{d}^2x}{\mathrm{d}t^2}+c\frac{\mathrm{d}x}{\mathrm{d}t}+Kx=-m\frac{\mathrm{d}^2u}{\mathrm{d}t^2} \tag{3-7}$$

如果被测物体作简谐振动，即 $u=u_0\cos\omega t$，故质量块相对于基座的强迫振动为

$$x=X\cos(\omega t-\theta) \tag{3-8}$$

$$x=X\frac{\left(\dfrac{\omega}{\omega_n}\right)^2}{\sqrt{\left[1-\left(\dfrac{\omega}{\omega_n}\right)^2\right]^2-\left(2\zeta\dfrac{\omega}{\omega_n}\right)^2}}u_0 \tag{3-9}$$

$$\theta=\mathrm{tg}^{-1}\frac{2\zeta\dfrac{\omega}{\omega_n}}{1-\left(\dfrac{\omega}{\omega_n}\right)^2} \tag{3-10}$$

式中 ω_n——无阻尼固有频率；

       ζ——简化系统的阻尼比；

       θ——质量块的位移与基座位移之间的相位差；

       u_0——传感器基座位移的幅值。

因为 u 为正弦运动，故其加速度 a 的幅值为 $A=u_0\omega^2$，而 a 与 u 的相位相反。由此可得质量块的相对位移幅值 X 与被测物体的绝对加速度幅值 A 之间的关系为

$$\frac{X}{A}=\frac{1}{\omega_n^2\sqrt{\left[1-\left(\dfrac{\omega}{\omega_n}\right)^2\right]^2+\left(2\zeta\dfrac{\omega}{\omega_n}\right)^2}} \tag{3-11}$$

X 与 A 之间的相位差为

$$\phi = \mathrm{tg}^{-1} \frac{2\zeta \dfrac{\omega}{\omega_n}}{1 - \left(\dfrac{\omega}{\omega_n}\right)^2} \tag{3-12}$$

由上述式(3-11)和式(3-12)可知，当 $\omega_n \gg \omega$，即加速度传感器的固有频率远远大于其工作频率时，则相对位移的幅值 X 正比于被测正弦振动加速度幅值 A，而两者之间的相位差趋近于 $0°$。

由于相对位移 X 就是压电元件在质量块的惯性力 F 作用下所产生的变形，故有

$$F_0 = k_0 X \tag{3-13}$$

式中　F_0——惯性力幅值；

　　　k_0——压电片的等效刚度。

由于压电元件表面产生的电荷 q 正比于作用力 F，因此有

$$Q = dF_0 = dk_0 X \tag{3-14}$$

式中　Q——电荷量的幅值；

　　　d——压电元件的压电常数。

将上式代入式(3-11)，即得输出电量幅值与输入加速度幅值之比

$$\frac{Q}{A} = \frac{dk_0/\omega_n^2}{\sqrt{\left[1 - \left(\dfrac{\omega}{\omega_n}\right)^2\right]^2 + \left(2\zeta\dfrac{\omega}{\omega_n}\right)^2}} \tag{3-15}$$

当 $\omega_n \gg \omega$ 时，上式分母趋近于 1，则整个式子变成

$$\frac{Q}{A} \approx \frac{dk_0}{\omega_n^2} \tag{3-16}$$

对于给定的加速度传感器，式(3-16)右端各项均为常数，可见压电式加速度传感器的电荷输出幅值 Q 正比于被测振动的加速度幅值 A。

(2) 压电式加速度传感器的使用和安装

表 3-1 是压电式加速度传感器的各种安装方法、特点和应用范围。

表 3-1　压电式加速度传感器的各种安装方法、特点和应用范围

安装方法	安装示意图	特点和应用范围
用调制双头螺栓固定	钢制双头螺栓	最牢固的安装方法,大体可将传感器与被测物体看成为一个整体
用绝缘螺栓固定	绝缘体　绝缘螺栓	特点和钢制螺栓一样,但用于需要电气绝缘时
用黏接剂固定	刚性高的专用蜡　黏接剂(可用快速黏接剂)	和绝缘法一样,频率特性良好,可达到 10kHz

安装方法	安装示意图	特点和应用范围
蜡固定式	刚性高的蜡	频率特性好，缺点是不耐温
磁铁固定式	与测试端绝缘的磁铁	仅适用于 $1\sim2kHz$ 的频率，离线检测用得比较普遍
手持式	测头	仅适用数百赫兹的频率

(3) 传感器的选用

传感器的选用主要考虑两个方面，一是传感器的性能；二是被测对象的要求和条件，具体为：灵敏度、频响范围、测量范围、相移、使用温度范围等。

灵敏度是指沿着传感器测量轴方向对单位振动量输入 x 可获得的电压信号输出值。为了测量出微小的振动变化，传感器应有较高的灵敏度。但需注意，传感器的灵敏度是受信噪比制约的，通常灵敏度越高，信噪比越小，这将使测量结果中引入过大的噪声干扰，影响信号的识别。另外，灵敏度又与振幅和频率有关，只能在一定范围内保持为常数，这也是使用时应注意的事项。

频响范围是指灵敏度随频率而变化的量值不超出给定误差的频率区间。其两端分别为频率下限和上限。为了测量静态机械量，传感器应具有零频率响应特性。传感器的频响范围，除和传感器本身的频率响应特性有关外，还与传感器的安装条件有关。

测量范围即可测量的量程，也称为动态范围，是指灵敏度随幅值的变化量不超出给定误差的输入机械量的幅值范围。在此范围内，输出电压和机械输入量成正比，所以也称为线性范围。

相移是指输入简谐振动时，输出同频电压信号相对输入量的相位滞后量。相移的存在有可能会使输出的合成波形产生畸变。为了避免输出失真，要求相移值为零，或者随频率成正比变化。

其他要求还包括工作温度、环境湿度、电磁场屏蔽等。

一般而言，依据设备的运转参数及工作状态选用性能参数最适用的传感器是比较理想的。所以选用传感器时应了解机组的类型、结构特点、工作转速范围、振幅的量级以及可能出现的故障频率成分、安装传感器部位的工作条件等情况。若便于直接测量轴的振动时，多选用电涡流式位移传感器；若无法监测轴的振动，需测量轴承座的振动，一般选用压电式加速度传感器。在高温部位测试时，要考虑传感器在该温度下能否正常工作，对灵敏度有何影响等。

3.1.3　振动监测及标准

3.1.3.1　监测参数及其选择

通常用来描述振动响应的三个参数是位移、速度和加速度。一般情况下,低频时的振动强度由位移值度量;中频时的振动强度由速度值度量;高频时的振动强度由加速度值度量。

对大多数机器来说,我们关心的是机器的振动能力,而速度与能量相关,最佳参数是速度,这是许多标准采用该参数的原因之一。但是另外一些标准却采用相对位移参数进行测量,这在发电、石化工业的机组振动监测中比较多见。对于来自轴承滚动部件的高频振动监测来说,加速度却是最合适的监测参数。

对振动监测仪器最重要的要求之一,就是能够在足够宽的频率范围内测量包括所有主要分量在内的信号,其中包括那些与不平衡、不对中、齿轮啮合、叶片共振、滚珠及滚道损伤等有关的频率成分。这个频率范围一般为 10～10000 Hz,甚至更高一些。往往在机器内部损伤还未影响到机器实际工作能力之前,高频分量就已包含了缺损的信息。仅仅当内部缺损已发展为较大时,才从低频信息上反映出来,因此,为了预测机器是否损坏,高频信息是非常重要的。

3.1.3.2　机械设备振动标准

衡量机械设备的振动,国际上通常采用 ISO 2372 和 ISO 3945。我国目前正在逐步制定有关行业的振动标准,其基本内容与 ISO 标准一致,主要内容如下。

(1) 适用范围

频率在 10～1000 Hz 的机械振动。

(2) 量标选用

用振动强度 v_m 来表示,即

$$v_m = \sqrt{\left(\frac{\sum v_x}{N_x}\right)^2 + \left(\frac{\sum v_y}{N_y}\right)^2 + \left(\frac{\sum v_z}{N_z}\right)^2} \; (\text{mm/s}) \tag{3-17}$$

式中　　$\sum v_x$,$\sum v_y$,$\sum v_z$——x,y,z 三个方向上测得的振动速度有效值(v_{rms})之和;

N_x,N_y,N_z——三个方向上测点数目。

(3) 测点选择

评定机械设备振动能量的大小,仅测一点,是片面的,不能正确反映总体情况。需测多个点,每个点用三个方向振动来评定,包括轴向、水平径向、垂直径向。无论是柔性还是刚性安装支承点,如机座、轴承座,一般都选为典型测点。

3.2　温度监测与诊断技术

温度是表征物体表面冷热程度的物理量,在运行过程中,设备或机件会发热,若内部有故障则设备及机件会发热异常。温度监测技术就是通过测量机件或设备的工作温度,对机械设备的发热状态进行检测与监测,从而判断设备的运行状态是正常还是异常。温度监测技术是设备健康监测与故障诊断的重要手段之一。随着设备向大容量、高参数发展,自动化水平不断提高,温度监测应用越来越广泛,如通过巡回检测装置测试设备的温度及温度场,使用计算机来处理大量数据和设备热图像的信息。

温度监测技术有接触式测温和非接触式测温两种。接触式测温有热电阻测温与热电偶测温等，非接触式测温有红外测温技术等。许多无法接触测温的物体，采用非接触式测温，如温度很高的目标、距离很远的目标、有腐蚀性的物质、高纯度的物质、导热性差的物质、目标微小的物体、小热容量的物体、运动中的物体和带电的物体等。

3.2.1　热电偶及热电阻接触式测温

3.2.1.1　热电偶测温工作原理

热电偶是基于热电效应原理进行测量的。当两种不同材料的导体组成一个闭合回路时，如果两端结点温度不同，则在两者之间会产生电动势，并在回路中形成电流，这一物理现象称为热电效应。根据热电效应将两种电极配置在一起即可组成热电偶。产生电动势的大小与两种导体的性质和结点温度有关。

两根不同材料的导体 A、B 焊接形成热电偶，焊合的一端为工作端（热端，温度 T），用以插入被测介质中测温，连接导线的另一端为自由端（冷端，温度 T_0）。若两端所处温度不同，仪表则指示出热电偶所产生的热电势。热电偶的热电势与热电偶材料及其两端温度 T、T_0 有关，而与热电偶的长度、直径无关。若冷端温度 T_0 不变，在热电偶材料已定的情况下其热电势 E 只是被测量温度的函数。根据所测得的热电势 E 的大小，便可确定被测温度值。

3.2.1.2　热电阻测温工作原理

热电阻温度计是利用导体或半导体的电阻值随温度变化的规律来实现测温的。热电阻温度计具有精度高、响应快的特点，测温范围通常为 $-200\sim500℃$，常见的热电阻温度计有金属丝热电阻温度计与半导体热敏电阻温度计。

3.2.2　红外测温技术

红外测温技术是一种新的温度测量技术，它是通过测量来自被测目标的红外辐射（包括被测目标反射的或自身辐射的），从而实现对被测目标表面温度的测量。

3.2.2.1　热辐射基本原理

(1) 电磁波—光—红外线

电磁波包括的范围很广，从波长小于几个皮米（即 10^{-12}m）的宇宙射线到波长长达数千米的广播用无线电，都属于电磁波。光仅是电磁波中的一小部分，它的波长区间约从几个纳米到 1mm。人眼可见的称为"可见光"，可见光中，波长最短的是紫光，此后是蓝、青、绿、黄、橙、红光；而人眼看不到的是不可见光，其波长比紫光更短的叫"紫外线"，波长比红光长的叫"红外线"。

红外线的波长在 $0.76\sim100\mu m$ 之间，按波长的范围可分为近红外、中红外、远红外、极远红外四类，它在电磁波连续频谱中的位置是处于无线电波与可见光之间的区域。红外线辐射是自然界存在的一种最为广泛的电磁波辐射，任何物体在常规环境下自身的分子和原子都会产生无规则的运动，并不停地辐射出热红外能量，分子和原子的运动越剧烈，辐射的能量越大，反之，辐射的能量越小。红外线像其他电磁波一样遵循相同的物理定律。以光速传播，可被吸收、散射、反射、折射等，可由普朗克等辐射定律描述。

(2) 热辐射—红外辐射

任何物体，只要它的温度高于绝对零度（$-273.15℃$），就有一部分热能变为辐射能。任何一个辐射体所发出的辐射都是一束能量流，它往往由许多种波长的成分组成。由于物体温度升高而发出的辐射，称为热辐射。热辐射有时也叫温度辐射，这是因为热辐射的强度及光谱成分取决于辐射的温度，也就是说温度这个物理量对热辐射现象起着决定性的作用。这种热辐射的过程中，其辐射源的内能并不改变，只要通过加热来维持它的温度，即可使辐射继续不断地进行下去。物体温度不同，辐射的波长组成成分不同，辐射能的大小也不同，该能量中包含可见光与不可见的红外线两部分。

红外辐射指的就是从可见光的红端到毫米波的波长范围内的电磁波辐射，从光子角度看，它是低能量子流，是热辐射中很重要的一部分。物体的温度在 $1000℃$ 以下的，其热辐射中最强的波均为红外辐射；当物体温度达到 $3000℃$ 时，其热辐射中最强的波的波长为 $5\mu m$，是红外线；到 $5000℃$ 左右时才会出现暗红色的辉光，当温度到 $8000℃$ 时，此时的辐射有足够的可见光成分，呈现"赤热"状态，但其绝大部分的辐射能量仍是属于红外线的。只有在 $30000℃$ 时，近于白炽灯丝的温度，它的辐射能才包含足够多的可见光成分。以上这些事实足以说明热辐射中很重要的成分是红外线辐射，一般称为"红外辐射"。

3.2.2.2　红外热成像系统

红外测温的手段不仅有红外点温仪、红外线温仪，还有红外电视和红外成像系统等设备，用点温仪可以测量并显示被测目标某一点的温度值，但在许多实际应用中，人们不仅需要测得目标某一点的温度值，往往还需要了解和掌握被测目标表面温度的分布情况。我们把目标反射的或自身辐射的红外辐射转变成人眼可观察的图像的技术称为红外成像技术。红外热成像系统就是用来实现这一要求的，它是将被测目标发出的红外辐射转换成人眼可见的二维温度图像或照片。温度的空间分辨率和温度分辨率都达到了相当高的水平，尤其是红外成像系统除带有黑白、彩色监视器外，还有多功能处理器、录像机、实时记录器、软盘记录仪等，可灵活配用，使用十分方便，可广泛用于各种轻重工业的生产流程、科学实验和医疗等方面。

热成像与照相机成像原理相似。照相机是把感光胶片放在镜间的焦平面上，感光胶片通过照相机的透镜记录下在焦平面上各点的光能量分布，此胶片冲洗后，就印制成我们日常见到的相片，黑白相片中黑白色深浅的灰度分布正好与此光能量分布相对应，使人眼一看就知道是哪个目标。红外热图则是接收来自被测目标本身发射出的红外辐射以及目标受其他红外辐射照射后反射的红外辐射，并把这种辐射量的分布以相对应的亮度或色彩来表示，成为人眼可观察的图像。

红外成像技术有两种形式，以红外辐射源照射目标，再摄取被目标反射的红外辐射而成像，这种成像方式称为主动式；而摄取目标自身辐射出的红外辐射成像，称为被动式红外成像。习惯上，把被动式红外成像叫做热像，被动式红外成像装置叫热像仪。

由前述知，红外成像与照相机成像类似，只不过它摄取的是被测目标的红外辐射，接收这个辐射的也不是感光胶片，而是位于感光焦点上的红外探测仪。但是，探测仪在每一瞬间所"看到"的却只是很小的面积，我们称它为"瞬时视场"。为了能观测整个目标，需要探测器对目标进行逐点扫描。当红外探测器"看到"任一瞬时视场时，只要探测器的响应时间足够快，就立刻输出一个与所接受的辐射能成正比的信号。因而，在整个扫描过程中，探测器输出的将是一个强弱随瞬时视场接收的辐射能量变化的信号，这些变化的信号经电子放大处理后，按扫描顺序输送给显示系统，就可形成一个原目标的热分布图像。因此，红外成像技术的关键是如何实现对目标的扫描。

3.2.2.3 红外测温技术优缺点

红外测温与传统的接触式测温（如热电偶、水银温度计等）方法相比，具有很多的优点，主要表现在：

ⅰ.实现不接触测温。由于测温仪不需要接触被测目标，因而不会破坏目标的热平衡，也就不会影响被测目标的温度分布，而且测量结果也不取决于被测目标与测温仪敏感元件间的接触质量。

此外，由于是不接触测量，这对于许多不易接触的目标的测量具有特殊的优越性。

ⅱ.反应速度快。它不像热电偶和一般温度计那样，在测温时必须要与被测目标达到热平衡，而是只要能接到被测目标的红外辐射就可以了。同时由于红外辐射的传播速度等于光速，因此，它的测温速度主要取决于所用红外探测器的响应时间，此时间一般为毫微秒级（光子探测器）或毫秒级（热探测器）。因此，在测试时，仅用几分钟或几秒钟就能扫描完一个大的目标视场，这样，就可以动态监测目标表面温度的变化。

ⅲ.测温灵敏度高。一般热像仪的温度分辨率可达 0.1℃，点温仪的温度分辨率也可达 0.2～0.3℃。因此，只要被测目标有微小的温度差异，它都可以分辨出来。

ⅳ.测温范围广。任何物体只要高于绝对零度，就会有红外辐射产生，理论上就可以进行测量。也就是说，它的测量范围可以从负几十摄氏度直至几千摄氏度。一般情况下，红外测温仪按其测温范围划分为低温、中温、高温三种。低温测温仪的测温范围约在 100℃ 以下，中温为 100～700℃，高温为 700℃ 以上。当然。这种划分也不是绝对的，有的测温仪可以包括上述两个测温范围，有的也可包括三个温度范围。

ⅴ.连续监测。由于这种测温方式是在生产过程中或设备处于运转状况下进行的，不需要中断生产或停机，从而可以大大地节约时间、节省费用。

尽管红外测温技术有很多优点，但也存在一些不足，主要是：

ⅰ.精准性有待提高。被测目标的表面温度不仅与它的辐射能量有关，而且也与它的表面辐射系数有关。在进行红外测温时，需要先设定被测目标表面的辐射系数，但辐射系数是一个较复杂的问题，它与许多因素有关。因此，在实际测温时要想得到准确的被测目标表面温度数值是较难的，需要根据经验和计算。同时，因为是非接触测量，辐射能在传输过程中会受到各种因素的影响而衰减，而这些影响却很难计算出来，因而造成测量误差。

ⅱ.有些热像仪的探测器需要制冷才能保证仪器的正常工作和足够的测量精度，制冷需要一定的装置和材料（如液氮、氖气等），这给使用带来一定的不便。

3.2.2.4 红外测温技术应用

红外技术的发展已有较长的历史，但直到 21 世纪末才逐渐成为一门独立的综合性工程技术。这项技术最早用于军事领域，后来推广应用到其他领域，如在钢铁、有色金属、橡胶、造纸、玻璃、塑料等工业中，对加工过程中的检查、管理，铸件、焊接的无损检测，电气设备的维护和检查，设备、建筑物的热分布监测和分析等均有很好的应用。红外测温技术通常是设备健康监测的一个辅助手段。

3.3　油污染监测与诊断技术

机械设备内部部件之间有相对运动，便产生摩擦和磨损，需要润滑油进行润滑，因此，磨粒便存在于润滑油中，在设备中的各个运动部位循环流动。通过对工作油液的合理采样并进行分析处理，就能获得关于该机械设备各摩擦副的磨损状况、摩损部位、磨损机理以及磨损程度等方面的信息。这种分析方法称为油污染监测与诊断技术，又称为油样分析技术，该技术已成为机械故障诊断的重要技术手段之一。

3.3.1　油样分析技术的基本原理

油样的分析、检验可分为两大类，一类是油品本身的检验，即油品理化性能检验；另一类是通过对油品的分析，来判断设备运转是否正常、严重磨损是否发生等。对于第二类，通常使用铁谱分析技术和光谱分析技术对油中所含磨粒进行分析与监视，来判断设备的运行状态和磨损情况。油样分析通常从以下几个方面进行。

（1）油样成分和磨粒成分分析

润滑油中出现的不同化学元素，来源于含有相应元素材料制成的零件。因为磨粒成分与磨损的部位有关，因此通过对油中所含化学元素成分的分析，就可以确定设备的磨损部位。

（2）磨粒浓度分析

对于一般有摩擦副的系统，油液中的磨粒浓度与零件的磨损量存在着线性关系。通过测量磨粒浓度，可以判断零件的磨损程度。

（3）磨粒形态分析

磨粒大小与磨损程度有关，根据磨损规律，当零件处于正常磨损阶段时，磨损颗粒细小而均匀，在达到磨损极限状态时，可能出现粗大颗粒。磨粒形貌体现了磨损的机理，如磨料磨损，其磨粒呈不规则截面的粒状；黏着磨损会出现条状磨粒，磨粒表面无光泽。

3.3.2　油样分析技术

油样分析可分为采样、检测、诊断、预测和处理五个步骤进行。从润滑油中取样，必须采集能反映当前机器中各零部件运行状态的油样；检测是指对油样进行分析，测定油样中磨损残渣的数量、粒度分布、化学成分，初步判断设备属于正常磨损还是异常磨损；诊断就是确定异常磨损状态的零件及磨损类型（如磨料磨损、疲劳剥落等）；预测就是预估异常磨损零件的剩余寿命及今后的磨损趋势；处理就是根据以上结果，确定维修方式和维修时间。

光谱分析技术、铁谱分析技术和磁塞技术是目前常用的三种油样分析技术。通常，光谱分析适用于 $8\mu m$ 以下磨粒的分析；铁谱分析适用于 $100\mu m$ 以下磨粒的分析；磁塞检测适用于 $100\mu m$ 以上的磨损颗粒分析。下面具体介绍三种分析技术的原理、优缺点及应用场合。

3.3.2.1　光谱分析技术

（1）光谱分析的基本原理

组成物理结构的原子是由原子核和在固定轨道旋转绕核的若干电子组成。原子内部能量的变化可以是核的变化，也可以是电子的变化。核外电子所处的轨道与各层电子所处的能量级有关。在稳定态下，各层电子所处的能量级最低，这时的原子状态称为基态。当物质处在离子状态下，其原子受到热辐射、光子照射、电弧冲击、粒子碰撞等外来能量的作用时，核外电子就会吸收一定的能量并从低能级跃迁到高能级的轨道上去，这时的原子处于激发态。激发态是一种不稳定状态，有很强的返回基态的趋势。因此其存在的时间很短，原子由激发态返回基态的同时，将吸收的能量以一定频率的电磁波辐射出去。每种元素的原子在激发或跃迁的过程中所吸收或发射的能量与其吸收或发射的辐射线（电磁波）的波长是存在一定的关系的。这里波长又称为特征波长，一些常用元素的特征波长有表可查。

若能用仪器检测出用特征波长射线激发原子后其辐射强度的变化（由于一部分能量被吸收），则可知道所对应元素的含量（浓度）。同理，用一定方法（如电弧冲击）将含数种金属元素的原子激发后，若能测得其发射的辐射线的特征波长，就可以知道油样中所含元素的种类。前者称为原子吸收光谱分析法，后者称为原子发射光谱分析法。

通过对光谱的分析，就能检测出油样中所含金属元素的种类及浓度，以此推断产生这些元素的磨损发生部位及其严重程度，并以此对相应零部件的工况做出判断。但此类分析不能提供磨粒的形态、尺寸、颜色等直观信息。

（2）光谱识别的磨粒尺寸

光谱分析的磨粒最大尺寸不超过 $8\mu m$，尺寸为 $2\mu m$ 时检测效率达到最高。最新的研究结果表明，大多数机器失效期的磨粒特征尺寸多在 $20\sim200\mu m$ 之间，这一尺寸范围对于磨损状态的识别和故障原因的诊断具有特殊的意义。但这一尺寸范围大大超过光谱分析法分析尺寸的范围，因而不可避免地导致许多重要信息的遗漏，这是光谱法的不足之处。目前它主要用于有色金属磨粒的检测和识别。

（3）光谱分析的特点

优点：灵敏度高、准确度高、分析速度快、试样用量小、应用范围广、仪器操作简便。

缺点：

ⅰ.只能提供元素及含量的信息，不能提供磨粒形貌的信息；

ⅱ.只能分析含量较低且颗粒较小的磨粒信息，只能用于故障的早期信息；

ⅲ.与铁谱分析技术、磁塞技术等相比，成本要高；

ⅳ.对工作环境要求苛刻，只能在专门建造的实验室工作。

3.3.2.2　铁谱分析技术

铁谱分析技术（Ferrograghy）是 20 世纪 70 年代初发展起来的一种油污染分析技术。在高梯度强磁场的作用下，将机器摩擦副间隙中的磨粒从油样中分离出来，按其粒度大小依次排列沉淀到一块透明玻璃基片上或玻璃管中，然后用各种手段观察或测量，以获得磨损过程的各种信息，从而分析磨损机理和判断设备磨损状态，是一种常用的分析方法。

（1）铁谱分析原理与特点

设备在运行过程中，两个相对运动的金属表面必然会产生摩擦，摩擦产生的金属碎片和微粒就会从金属表面脱落而进入润滑油中，通过对油中磨粒形态、大小、成分及分布的定性和定量分析，就可获得摩擦副磨损状态的重要信息。

定性方法是利用双色显微镜特有的性能，借助其透射光、反射光、偏振光等不同照明形式和各种滤色片来观察沉积在玻璃基片上有序排列的磨粒。依据磨粒的形态特征、表面颜色、光学特性、尺寸大小及分布等，分析机器的工作状态、磨损类型、磨损程度，并通过分析磨粒来源推断机器的磨损部位。

定量方法是依据分析式铁谱仪的 A_L 和 A_S 值，或磨粒覆盖面积百分比和直读式铁谱仪的 D_L 和 D_S 值，或大磨粒（＞5μm）与小磨粒（1～2μm）的浓度值，绘制铁谱参数曲线，以判断机器磨损发展的进程和趋势。

铁谱分析技术主要包括油样的采集、制谱、磨粒分析、磨损趋势分析、磨损机理分析及故障诊断等。铁谱分析仪主要类型有直读式铁谱仪、分析式铁谱仪和旋转式铁谱仪。

(2) 铁谱分析仪

① 直读式铁谱仪　直读铁谱仪由永久磁铁、虹吸泵、光电传感器、玻璃沉淀管和信号放大、显示装置等组成，如图 3-13 所示。这种仪器可获取两个反映样品磨粒浓度的数值，操作简单，分析速度快，适用于对设备作初步诊断。

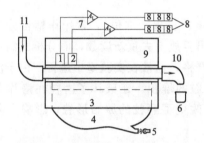
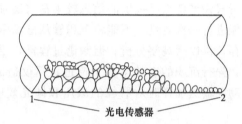

图 3-13　直读式铁谱仪原理示意图　　　　图 3-14　磨屑在沉积管内的沉积
1,2—光电传感器；3—磁铁；4,5—光源；
6—废液杯；7—电源线；8—数字显示器；9—玻璃沉淀管；
10—出口；11—进口

玻璃沉淀管装在倾斜的永久磁铁上方，利用虹吸泵使试样经过毛细管缓慢地流入沉淀管，然后流到废液杯。当试样在沉淀管内流动时，在永久磁铁的磁场力作用下，试样中的磨粒沉淀在管的内壁，其分布次序如图 3-14 所示。光线穿过磁铁照射到沉淀管上，在沉淀管的光线照射的上方，设置了两个光电传感器，其接受的光强度衰减量反映出这两个位置处的磨粒数量。光电传感器的信号经过放大和转换，用数字显示出来。大磨粒读数值用 D_L 表示，小磨粒读数值用 D_S 表示。

直读式铁谱仪特点是结构简单；价格便宜（为分析式的1/4）；制谱与读谱合二为一；分析过程简便快捷；读数稳定性和重复性较差；只提供磨屑体积的信息，不能提供磨屑形貌、磨屑来源的信息，因而信息量有限，常作油样快速分析和初步诊断。

② 分析式铁谱仪　图 3-15 所示为分析铁谱仪的结构示意图，其工作原理为：磁铁上方倾斜地安放一张玻璃基片，输油导管的一端置于玻璃基片的上方，另一端插入盛有试样的试管中，启动蠕动泵，使试样以一定的流速吸入输油导管并流到玻璃基片。然后从玻璃基片下方搭接的回游管流入接流杯。玻璃基片上划有 U 形油槽，使试样在玻璃基片上沿垂直于磁力线的方向由上向下流动，在磁场力、重力、黏滞力及浮力的作用下，试样中的磨粒沉积在玻璃基片上（图 3-16），再用四氯乙烯溶剂冲洗，去除基片上的残液，磨粒便牢固地黏附在玻璃基片上，制成了铁谱片。对于铁磁性磨粒，按尺寸大小依次有序沉淀，再用电子显微镜去观察它的形貌、尺寸和成分等。

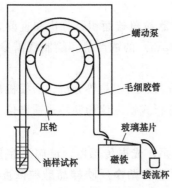

图 3-15　分析铁谱仪结构示意图

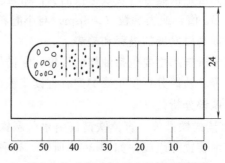

图 3-16　磨粒在基片上的沉积规律

　　分析式铁谱特点是提供的信息较丰富（磨损程度、机理、部位），常用作精密分析，直读式只能进行一次测量，不能将沉积管从磁场中取出再放上去重新读数，而分析式制成的谱片可保存，供以后观察分析。但制谱过程慢，要求严格，通常在实验室中进行；由于沉积面积有限，先行沉积的磨粒堵塞了流道，不仅造成磨粒的堆积，还破坏了磨粒在谱片上的沉积，蠕动泵输送油样时对磨粒的碾压和抛光效应，改变了磨粒的原始形貌，影响了分析和研究。

　　③ 旋转式铁谱仪　旋转式铁谱仪克服了分析式铁谱仪流道堵塞、蠕动泵碾压和抛光的缺点，其结构如图 3-17 所示。玻璃基片放在一个旋转的平台上，油滴从上面的管子滴在旋转的基片上时，磨粒受到重力、浮力、磁力和离心力的作用。磨粒沉积的规律如图 3-18 所示。然后再用电子显微镜去观察它的形貌、尺寸和成分等。

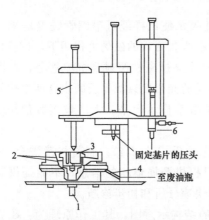

图 3-17　旋转式铁谱仪结构示意图

1—轴；2—磁铁；3—基片；4—接油管；

5—油样注射输入管；6—清洗注射移液管

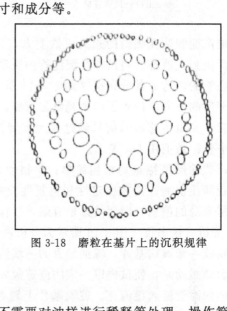

图 3-18　磨粒在基片上的沉积规律

　　旋转式铁谱仪具有分析式铁谱仪的特点，不需要对油样进行稀释等处理，操作简便，不需专门技术，对不同黏度的润滑油可选用不同的转速，使用范围更广。在整个操作过程中，具有不会使磨粒产生附加机械变形、效率高、制片成本低等优点。

（3）铁谱分析技术的特点

铁谱分析技术有如下优点：

　　ⅰ.具有较高的检测效率和较宽的磨粒尺寸检测范围,可同时给出磨损机理、部位及程度等方面的信息;

　　ⅱ.定性与定量分析相结合,提高了诊断结论的可靠性;

　　ⅲ.对磨损故障能进行早期诊断。

　　铁谱分析技术也有如下缺点:

　　ⅰ.非实时监测,监测周期较长,不能对突发性故障和要求可靠运转的机器进行诊断;

　　ⅱ.过分依赖人的经验,操作环节多,影响因素较多;

　　ⅲ.对试样要求苛刻;

　　ⅳ.对非磁性磨损颗粒的检测效果欠佳。

3.3.2.3　磁塞技术

　　磁塞结构简单,将磁塞安装在润滑系统的管道内,用以收集悬浮在润滑油中的铁磁性磨粒,然后用肉眼对所收集到的磨粒大小、数量和形貌进行观察和分析,或将取下的芯子洗去油后置于读数显微镜下进行观察,以此推断出机器零部件的磨损状态。若发现颗粒小且数量较少,说明机器零件处于正常磨损阶段。一旦发现大颗粒,便须引起重视。首先要缩短监测周期,并严密监测机器运转情况。若多次连续发现大颗粒,便是故障出现的前兆,要立即采取维护措施。

　　磁塞技术具有如下特点:

　　ⅰ.结构简单,便于加工制造,成本低廉;

　　ⅱ.使用磁塞监测分析,不需要贵重复杂的仪器设备,只要有一个读数显微镜就可进行初步分析;

　　ⅲ.分析技术简单,一般的设备维护人员都能很快掌握;

　　ⅳ.磁塞只适用于收集润滑油中较大的磨粒,而它们恰恰是严重磨损和即将发生故障的信号。

3.4　无损检测技术

　　无损检测(Nondestructive Testing,NDT)是利用声、光、热、电、磁和射线等与物质的相互作用,在不损伤被检物使用性能的情况下,探测材料、构件或设备(被检物)的各种宏观的内部或表面缺陷,并判断其位置、大小、形状和种类的方法。

　　无损检测技术主要包括超声检测(Ultrasonic Testing,UT)、射线检测(Radiographic Testing,RT)、磁粉检测(Magnetic Particle Testing,MT)、涡流检测(Eddy Current Testing,ET)、渗透检测(Liquid Penetrate Testing,PT)等。超声和射线检测主要用于探测被检物的内部缺陷;磁粉和涡流检测用于探测被检物的表面和近表面缺陷;渗透检测仅用于探测被检物表面开口缺陷。每种无损检测技术,均有其优点和局限性,实践中,必须有针对性地选择最合适的检测技术。

3.4.1　超声检测

　　超声检测是应用最广泛、使用频率最高且发展较快的一种无损检测技术,是利用材料本身或内部缺陷对超声波的影响来检测结构内部或表面缺陷的大小、形状及分布情况，并对材料或结构的性能进行评价的一种无损检测技术，它广泛应用于工业及医疗领域。

超声波的产生和接收是利用超声波探头中压电晶体片的压电效应来实现的。由超声波探伤仪产生的电振荡，以高频电压形式加载于探头中压电晶体片的两面电极上时，由于逆压电效应的影响，压电晶体片会在厚度方向上产生持续的伸缩变形，形成了机械振动。弱压电晶体片与焊件表面有良好的耦合时，机械振动就以超声波的形式进入被检工件，这就是超声波产生的原理。反之，当压电晶体接收因超声波作用而发生伸缩变形时，正压电效应的结果会使压电晶体片两面产生不同极性的电荷，形成超声频率的高频电压，以回波电信号的形式由探伤仪显示，这就是超声波的接收。超声波检测是将超声波脉冲从探头送入被检测材料，当材料内部有缺陷时，输入超声波的一部分在缺陷处发生反射，根据接收的反射波，就可以知道缺陷的位置及大小。产生超声波的方法很多，有热学法、力学法、静电法、电磁法、电动法、激光法、压电法等。目前，在超声波探伤中应用最广泛的是压电法。

超声检测具有以下特点：

ⅰ.方向性好：超声波具有像光波一样的定向束射特性；

ⅱ.穿透能力强：对于大多数介质而言，它具有较强的穿透能力，例如在一些金属材料中，其穿透能力可达数米；

ⅲ.能量高：超声检测的工作频率远高于声波的频率，超声波的能量远大于声波的能量；

ⅳ.反射、折射和波形的转换：超声波在介质中传播，当遇有界面时，将产生反射、折射和波形的转换，经过巧妙的设计，利用这些特性，使超声检测工作具备一定的灵活性和较高的精度；

ⅴ.对人体无害。

3.4.2　射线检测

射线检测是利用射线能穿透物质，并在物质中发生能量衰减的特性来检验物质内部缺陷的一种检测技术。当射线透过被检物体时，有缺陷部位与无缺陷部位对射线吸收能力不同，透过有缺陷部位的射线强度高于无缺陷部位，因而可以通过检测透过工件后的射线强度的差异，来判断工件中是否存在缺陷。射线检测常用的射线有 X 射线、γ 射线、高能射线和中子射线。对于常见的工业射线探伤来说，一般使用的是 X 射线、γ 射线。

射线检测在工业上有着非常广泛的应用，它既可用于金属检测，也可用于非金属检测。对金属内部可能产生的缺陷，如气孔、夹渣、疏松、裂纹、偏析、未焊透和熔合不足等，都可以用射线检测。它应用的行业有特种设备、航空航天、船舶、兵器、水工成套设备和桥梁钢结构等。

3.4.3　磁粉检测

磁粉探伤的基础是缺陷处的漏磁场与磁粉的相互作用。它利用了钢铁制品表面和近表面缺陷（如裂纹、夹渣、发纹等）磁导率与钢铁磁导率的差异，磁化后，这些材料不连续处的磁场将发生畸变，部分磁通泄漏出工件表面产生了漏磁场，从而吸引磁粉形成缺陷处的磁粉堆积——磁痕，在适当的光照条件下，显现出缺陷的位置和形状，对这些磁痕进行观察和解释，就达到了探伤的目的。

漏磁场对磁粉的吸引可以这样描述：假设一工件表面有一狭窄的矩形槽，当工件被平行于表面的磁场磁化时，矩形槽将产生漏磁场，漏磁场的分布见图 3-19。

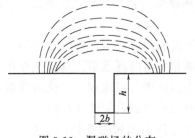

图 3-19　漏磁场的分布

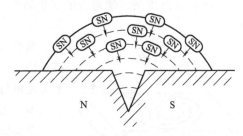

图 3-20　磁粉在漏磁场处受力的情况

随着磁化场强的增大，漏磁场场强也将适当加强。由于磁粉是活动的磁性体，在磁化时，磁粉的两端将受到漏磁场力矩的作用，产生与吸引方向相反的 N 极与 S 极，并转动到最容易被磁化的位置上来；同时磁粉在指向漏磁场强度增加最快方向上力的作用下，被迅速吸引向漏磁场最强的区域。

图 3-20 为磁粉在漏磁场处受力的情况，图中虚线表示缺陷附近漏磁场的磁力线方向。槽宽较小时，漏磁场在缺陷表面中心处有最大值，而且随着槽宽深度的变化而变化。从图中还可以看出，磁粉受力方向均指向槽表面中点，槽两侧的磁粉被吸向槽中心并堆积起来形成磁痕。

磁痕是一种放大了的缺陷图像，它比真实缺陷的宽度大数倍到数十倍。磁痕不仅在缺陷处出现，在材料其他不连续处也可能出现。磁粉被漏磁场吸附的过程是一个复杂的过程。它不仅受磁力作用，还受重力、液体分子的悬浮力、摩擦力、静电力等的作用。但这些作用都是以漏磁场产生为条件的。因此，没有漏磁场存在，磁粉探伤便发现不了缺陷。

3.4.4　渗透检测

渗透检测是基于液体的毛细作用（或毛细现象）和固体染料在一定条件下的发光现象。渗透检测的工作原理：工件表面上涂有含荧光染料或着色染料的渗透剂后，在毛细作用下，经过一定时间，渗透剂可以渗入表面开口缺陷中。去除工件表面多余的渗透剂，经干燥后，再在工件表面涂上吸附介质——显像剂。同样在毛细作用下，显像剂将吸引缺陷中的渗透剂，即渗透剂回渗到显像剂中。在一定光源（黑光或白光）下，缺陷处的渗透剂痕迹被显现，从而探测出缺陷的形貌及分布状态。渗透检测可检测各种材料且具有较高的灵敏度（$0.1\mu m$），使用范围广，显示直观，操作方便，检测费用低；但只能检出缺陷的表面分布，难以确定缺陷的实际深度，结果受到操作者的影响也较大且不适于检查多孔性材料和表面粗糙的工件，只能检查表面开口的缺陷。渗透检测一般应用在各种工程材料、零部件和产品的有效检验上，以评价它们的完整性、连续性及安全可靠性。

3.4.5　涡流检测

涡流检测是建立在电磁感应原理基础上的无损检测技术。涡流检测的原理是：从发射线圈发射出的电磁波的一部分从管外返回到管内，通过其到达接收线圈时的传送时间（发射与接收信号的相位差）决定管的壁厚，即根据相位差检测出腐蚀的损伤程度，如图 3-21 所示。

这种方法广泛应用于非磁性管道探伤中。相反，如果是钢管那样的磁性管，管道的电磁性（透射率等）不均匀，就会使信号中存在较大的杂音，从而影响检测效果。遇到这种情况，通常可采用磁化式涡流法（使得管道壁达到饱和，透磁率均匀化）和分割式涡流法（将线圈小型分割）。

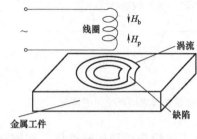

图 3-21　涡流检测原理示意图

涡流检测由于具有很多优点而被广泛应用。它是非接触检测，能穿透非导体的覆盖层，这就使得在检测时不需要做特殊的表面处理，因此缩短了检测周期，降低了成本。而且，涡流检测的灵敏度非常高。

涡流检测必须先探测出携带物体内部信息的信号，故涡流换能器是检测技术的关键。换能器的设计要先确定线圈形状、横截面、尺寸、结构等参数。常用设计方法有实验型、解析型及数值型等。早期大多采用实验方法设计换能器。按给定尺寸或要求由公式计算线圈阻抗，是解析型设计的特点。而数值型设计基于数值求解与线圈响应有关的解析积分表达式和对换能器性能的模拟。每种设计方法有各自的优点和局限性，通常将这三种方法结合起来，以达到优化设计参数、提高换能器性能、实现高效检测目的。

3.5　综合诊断技术

很多设备承受着机械、电气、热力等多种变化的作用，且工况常随着生产需要经常变化。每个构成部件的故障都会使整机运转失常，直到被迫停机。使用单一的分析方法，很难判断出异常所在。此时，应采用多种方法进行综合分析，并考虑他们之间的相互联系。如针对石化厂的烟气轮机、压缩机等设备，热状态对这些大型机组运行影响甚大。因此，除了振动监测以外，还需用热像监测分析。通过热像监测，可直观地发现偏心、隔板歪斜、保温不均、基础冷却水系统故障等一系列足以使机组热变形的因素。因此，开展的诊断融合的综合诊断技术，是对复杂设备进行故障诊断的重要保障。当前，理论界一直在进行信息融合、提高故障诊断信息量的研究，通过综合分析，也可为开发新的诊断方法提供必要的原始数据。

第4章 典型零部件的健康监测与诊断

要实现对设备的健康监测与故障诊断，除了掌握基础知识、具体实施技术以外，还需对要实施的对象进行研究，从而获得对象的结构、工作原理、主要故障来源及故障特征等，以便准确高效地对设备进行监测与诊断。轴承和齿轮箱作为机械设备中广泛使用的重要零部件，它们的平稳运行是整个机组正常运行的重要保障，一旦损伤或失效，常常会导致传动系统和整机故障，甚至会引起重大的安全事故。因此，对轴承、齿轮箱的故障诊断便成为机械设备故障诊断的重要组成部分。

本章将重点介绍滚动轴承、齿轮箱的健康监测与故障诊断。

4.1 滚动轴承的健康监测与诊断

4.1.1 滚动轴承基本结构及其分类

4.1.1.1 滚动轴承的基本结构

滚动轴承一般由内圈、外圈、滚动体和保持架等四部分组成，其常见结构形式如图 4-1 所示。内圈通常装配在轴上，并随轴一起做旋转运动。此外，内圈外表面上有供钢球或滚子滚动的沟槽，称为内沟或内滚道。外圈通常装配在轴承座或壳体上，起支撑钢球或滚子的作用。有些轴承是外圈旋转，内圈固定并起支撑作用，外圈内表面上也有供钢球或滚子滚动的沟槽，称为外沟或外滚道。滚动体也称钢球或滚子，在内圈和外圈的滚道之间滚动，滚动体借助于保持架均匀地被分布在内圈和外圈之间，其形状、大小和数量直接影响着滚动轴承承载能力、使用性能和寿命。保持架能使滚动体均匀分布，避免互相碰撞，防止滚动体脱落，引导滚动体旋转，并使每个滚动体均匀地轮流承受相等的载荷。

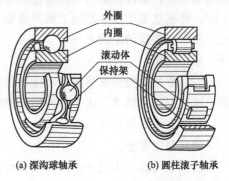

(a) 深沟球轴承　　(b) 圆柱滚子轴承

图 4-1　滚动轴承的常见结构形式

此外，根据机械部件对轴承性能要求的不同，轴承的结构也有所差异。有的轴承无内圈或无外圈，甚至内、外圈都没有，有的轴承中还有铆钉、防尘盖、密封盖以及安装调整时用的止动垫圈、紧定套和螺母等零件。

4.1.1.2 滚动轴承的分类

滚动轴承按承受载荷的方向分为主要承受径向载荷的向心轴承和主要承受轴向载荷的推力轴承；按滚动体的形状分为球轴承和滚子轴承，后者又可分为圆柱滚子轴承、滚针轴承、圆锥滚子轴承和调心滚子轴承等；按滚动体的列数分为单列、双列和多列轴承；按是否具有调心性能分为滚道为球面、能适应两滚道轴心线间角位移的调心轴承和能阻止两滚道轴心线间角位移的非调心轴承；按滚动体是否可分离分为可分离轴承和不可分离轴承等。

4.1.2 滚动轴承的主要损伤类型

滚动轴承在设计、制造、安装、润滑和使用维护过程中，设计不可靠，材料缺陷，制造精度不够，装配不当或使用过程中的润滑不良、腐蚀、过载、异物侵入等因素，会导致轴承损伤或故障。即使在设计、制造、安装、润滑和使用维护都正常的情况下，经过一段时间的运转，轴承也会出现因疲劳剥落和磨损而不能正常工作的情况。滚动轴承的主要损伤类型有以下几种。

（1）磨损

由于尘埃、异物的侵入或润滑不良，滚道和滚动体相对运动时会引起表面磨损，从而导致轴承游隙增大，表面粗糙度增加，降低了轴承运转精度，影响轴承寿命，同时也降低了机器的运动精度，振动及噪声也随之增大。

（2）疲劳剥落

滚动轴承的内外滚道和滚动体表面之间既相对滚动又承受载荷，由于交变载荷的作用，首先在表面下一定深度处（最大剪应力处）形成裂纹，继而扩展到接触表面使表层发生剥落，最后发展到大片剥落，这就是疲劳剥落现象。疲劳剥落会在运转时产生冲击载荷、振动并造成噪声加剧。疲劳剥落是滚动轴承失效的主要原因之一，一般所说的轴承寿命通常是指轴承的疲劳寿命。

（3）锈蚀和腐蚀

当机械停止运转时，若温度下降到露点，湿气将会凝结，变成微小水滴混入润滑剂中，整个轴承就容易发生锈蚀。另外，轴承在高温中长期放置，在滚道面上也会产生锈蚀。腐蚀是由于酸或碱溶液侵入轴承，在其表面发生氧化或溶解的现象，如润滑油的添加剂中含有硫黄或氧化物，则在高温时或水分侵入时就会产生腐蚀。锈蚀和腐蚀均使材料的机械性能明显下降，特别是发生在滚动面上的严重锈蚀，会给轴承性能带来极大的影响，是导致轴承早期疲劳和产生裂纹的原因之一。

（4）烧伤

因异常发热使轴承熔黏而不能旋转，或使滚动面、滑动面变得很粗糙的损伤称为烧伤。发生这种损伤的轴承，由于热影响而使轴承硬度逐渐降低，或因表面很粗糙而使旋转性能变差，直至无法继续使用。

（5）塑性变形

当轴承受到过大的冲击载荷或静载荷，或因热变形而引起额外载荷，或有硬度很高的异物侵入时，都会在滚道表面上形成凹痕或划痕，这将使轴承在运转过程中产生剧烈的振动和噪声。而且一旦有了压痕，压痕引起的冲击载荷会进一步引起附近表面的剥落。

（6）断裂

过高的载荷可能会引起轴承零件断裂。磨削、热处理或装配不当等都会产生残余应力，残余应力会导致轴承零件断裂，工作时热应力过大也会导致轴承零件断裂。

（7）胶合

胶合是指一个零部件表面上的金属黏附到另一个零部件表面上的现象。在润滑不良、高速重载情况下工作时，由于摩擦发热，轴承零件可以在极短时间内达到很高的温度，导致表面烧伤及胶合。

（8）保持架损坏

装配或使用不当可能会引起保持架变形，从而增加它与滚动体、内外圈之间的摩擦，甚至使某些滚动体卡死。这一损伤会使振动、噪声及发热进一步加剧，最终导致轴承损坏。

此外滚动轴承还会发生蠕变、伤痕、电腐蚀等损伤。

4.1.3　滚动轴承的振动机理及特征

滚动轴承的多数故障都会使轴承振动加剧。因此，振动监测与故障诊断就成为轴承健康监测与故障诊断的主要方法之一。实现滚动轴承的振动诊断首先要了解振动机理及振动特征。

滚动轴承的结构虽比较简单，振源却相当复杂。滚动轴承产生的振动分为与轴承弹性相关的振动和与轴承转动面的形状误差、损伤等相关的振动。

与轴承弹性相关的振动，如轴承的固有振动等，不管轴承正常还是异常，这类振动总会发生，所以这类振动不能表征轴承的异常。轴承的尺寸越小，其固有振动频率越高。而与损伤相关的振动只在滚动轴承出现各种异常的情况下才会发生。因此，该类振动与轴承的故障紧密相关，是轴承健康监测与故障诊断的主要分析部分。

4.1.3.1　滚动轴承故障振动机理

滚动轴承在运转时，由于轴的旋转，滚动体便在内、外圈之间滚动。如果滚动表面发生损伤，滚动体在这些表面转动时，便产生一种交变的激振力。由于滚动表面的损伤形状是无规则的，所以激振力产生的振动，将是由多种频率组成的随机振动。从轴承滚动表面振动产生的机理可以看出，滚动轴承表面损伤的形态和轴的旋转速度决定了激振力的振动频率；轴和外壳决定了振动系统的传递特性。最终的振动特性，由上述两者共同决定。也就是说，轴承异常所引起的振动频率是由轴的旋转速度、损伤部分及外壳振动系统的传递特性所决定的。

4.1.3.2　滚动轴承的频率类型

（1）固有频率

滚动轴承在工作时，由于滚动体与内外圈之间的冲击而产生的振动称为固有振动。各轴承元件的固有频率与轴承的外形、材料和质量有关，与轴的转速无关。钢球的固有频率为

$$f_{bn} = \frac{0.424}{r} \sqrt{\frac{E}{2\rho}} \tag{4-1}$$

式中　r——钢球的半径，m；

　　　ρ——材料密度，kg/m^3；

　　　E——钢球的弹性模量，N/m^2。

当滚动轴承为钢材时，其内外环的固有频率可用下式计算

$$f_{(i,o)n} = 9.40 \times 10^5 \times \frac{h}{D^2} \times \frac{n(n^2-1)}{\sqrt{n^2+1}} \tag{4-2}$$

式中　h——圆环的厚度，mm；

　　　D——圆环中心轴的直径，m；

　　　n——节点数。

（2）滚动轴承故障的通过频率

当轴承某一元件表面出现损伤时，在受载运行过程中，损伤点要撞击其他元件表面而产生冲击脉冲力，损伤产生的冲击可以激起系统的振动。另外，由于损伤点在运动过程中周期性地撞击其他元件表面，所以轴承中会产生周期性的脉冲力，也就产生了一系列高频固有衰减振动。这种振动是一种受迫振动，当振动频率与轴承元件固有频率相等时，振动加剧。

当滚动轴承元件出现局部损伤时，机器在运行中就会产生相应的振动频率，称为故障特征频率，又称轴承通过频率，具体如下：

内滚道缺陷故障特征频率为

$$f_i = \frac{1}{2} \times \left(1 + \frac{d}{D_m}\cos\alpha\right)f_n Z \tag{4-3}$$

外滚道缺陷故障特征频率为

$$f_o = \frac{1}{2} \times \left(1 - \frac{d}{D_m}\cos\alpha\right)f_n Z \tag{4-4}$$

滚珠缺陷故障特征频率为

$$f_{RS} = \frac{1}{2} \times \left(1 - \frac{d^2}{D_m^2}\cos^2\alpha\right)f_n \times \frac{D_m}{d} \tag{4-5}$$

保持架碰外环故障特征频率为

$$f_{Bo} = \frac{1}{2} \times \left(1 - \frac{d}{D_m}\cos\alpha\right)f_n \tag{4-6}$$

保持架碰内环故障特征频率为

$$f_{Bi} = \frac{1}{2} \times \left(1 + \frac{d}{D_m}\cos\alpha\right)f_n \tag{4-7}$$

式中　d——滚动体直径，m；

　　　D_m——轴承节径，m；

　　　α——压力角，°；

　　　f_n——轴回转频率，Hz；

　　　Z——滚动体个数，个。

需特别指出的是，以上故障的通过频率和特征频率相等只是理论上的推导。在实际情况中，滚动体除正常公转与自转外，还会发生随轴向力变化而引起的摇摆和横向滚动。尤其是滚动体表面存在小缺陷时，在其滚动过程中可能时而碰到内外圈，时而又碰不到，以致产生故障信号的随机性，给故障诊断带来复杂性。

4.1.3.3　滚动轴承的振动及其损伤信号特征

① 正常情况下　滚动轴承的时域波形如图 4-2 所示。从图中可以看出，其波形有两个特点：一是无冲击，二是变化慢。

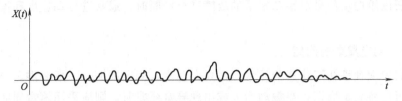

图 4-2　滚动轴承正常工作的时域波形

② 轴承内圈损伤　当轴承内圈产生损伤时，若滚动轴承无径向间隙，会产生频率为 $nzf_i(n=1,2,3,\cdots)$ 的冲击振动。

通常滚动轴承都有径向间隙，且为单边载荷，根据点蚀部分与滚动体发生冲击接触位置的不同，振幅大小也会发生周期性的变化，即发生振幅调制。若以轴旋转频率进行振幅调制，此时的振动频率为 $nzf_i+f_r(n=1,2,3,\cdots)$。若以滚动体的公转频率（即保持架旋转频率）进行振幅调制，此时的振动频率为 $nzf_i+f_m(n=1,2,3,\cdots)$。

③ 轴承外圈损伤　当轴承外滚道产生损伤时，在滚动体通过时也会产生冲击振动。由于点蚀的位置与载荷方向的相对位置关系是一定的，所以此时不存在振幅调制的情况，振动频率为 $nzf_o(n=1,2,3,\cdots)$。

④ 轴承滚动体损伤　当轴承滚动体产生损伤时，缺陷部位通过内圈或外圈滚道表面时会产生冲击振动。

当滚动轴承无径向间隙时，会产生频率为 nzf_b 的冲击振动，f_b 为滚动体的自转频率。

通常滚动轴承都有径向间隙，因此，同内圈存在点蚀时的情况一样，根据点蚀部位与内圈或外圈发生冲击接触的位置不同，也会发生振幅调制，不过此时是以滚动体的公转频率进行振幅调制，这时的振动频率为 $nzf_b+f_m(n=1,2,3,\cdots)$。

⑤ 轴承偏心　当滚动轴承的内圈出现严重磨损等情况时，轴承会出现偏心现象。当轴旋转时，轴心（内圈中心）便会绕外圈中心振动摆动，此时的振动频率为 $nzf_r(n=1,2,3,\cdots)$。

⑥ 滚动体的非线性伴生振动　滚动轴承靠滚道与滚动体的弹性接触来承受载荷，因此具有非线性"弹簧"的性质。这个"弹簧"刚性很大，当润滑状态不良时，就会出现非线性弹簧性质的振动，轴向非线性伴生振动频率为轴的旋转频率（f_r）及其分数谐波（$1/2f_r$，$1/3f_r$，$\cdots$）与高次谐波（$2f_r$，$3f_r$，$\cdots$）而径向非线性伴生振动的频率为 zf_r 的各次谐波及 f_r 的分数谐波成分。

⑦ 不同轴引起的振动　两个轴承不对中、轴承装配不良等都会引起低频振动。

4.1.4　滚动轴承的振动监测

4.1.4.1　测点位置的选择

测点选择应以尽可能多地获得轴承外圈本身的振动信号为原则。不同机械轴承安装的方式和结构是不同的，有的轴承安装在轴承座上，而轴承座是外露的，测点（即传感器）应布置在轴承座上；有的装在机械内部或直接装在箱体上，测点应选在与轴承座连接刚度较高的地方或箱体上的适当位置。

4.1.4.2　测定参数的选择

滚动轴承所发生的振动，包含 1kHz 以下的低频振动和高频振动。振动频率范围与异常类型有关，所以用振动信号对滚动轴承的故障进行诊断时，通常选振动速度和振动加速度作为测定参数。

4.1.4.3　测定周期的确定

为了及时发现轴承初期状态的异常，需要合理确定测定周期。一般来讲，当轴承处于正常状态下，可保持固定周期；当振动增大或出现异常征兆时，则应采用缩短周期的对策，即将测定周期尽可能地安排得短些。如条件允许，也可采用连续监测的方法。

4.1.4.4　测量标准的确定

绝对判断标准：必须用相同仪表、在同一部位、按相同条件进行测量。选用绝对标准，必须注意掌握标准适用的频率范围和测量方法等。

相对判断标准：对同一部位定期进行测量，并按时间先后进行比较，以正常情况下的值为基准值，根据实测值与基准值的倍数比来进行判断。

类比判定标准：在相同的条件下对若干个同一型号轴承的同一部位进行振动监测，并将振动值相互比较进行判别。

适用于所有轴承的绝对判定标准是不存在的，因此一般都是综合使用绝对判定标准、相对判定标准和类比判定标准，这样才能获得准确、可靠的诊断结果。

4.1.5　滚动轴承的其他监测与故障诊断方法

振动监测与诊断是各种检测方法中最有效也是最常用的方法，通过监测振动信号的变化来评定轴承的健康状况，能获得机械运转过程中最多的有效信息。除了振动监测法以外，还有噪声监测与诊断法、温度监测与诊断法、油污染监测与诊断法、间隙监测与诊断法、油膜电阻监测与诊断法等。

4.1.5.1　噪声监测与诊断法

噪声是滚动轴承振动产生的，噪声和振动一样，也是轴承动特性异常的一个监测参数。但由于环境噪声的影响，噪声监测与诊断法应用不如振动监测与诊断方法那样广泛。

4.1.5.2　温度监测与诊断法

滚动轴承如果产生了某种损伤，其温度就会发生变化，因此可通过监测轴承温度来诊断轴承故障。该方法应用得很早，当时在没有其他更好的监测诊断手段的情况下，由于这种方法简便实用，在滚动轴承的巡检中起到了一定的作用。

温度监测与诊断法的致命缺点是当温度有明显的变化时，故障一般都达到了相当严重的程度，因此无法发现早期故障。同时对滚动轴承的温度测量虽然简单，但误差一般较大，因此这种方法目前已逐步转变为对滚动轴承的辅助监测诊断手段。为了保护重要设备不致发生全面毁坏事故，目前对一些重点设备、大型设备，仍然在现场安装轴承温度显示仪表，有时还将轴承温度测量参数引入控制系统，增设报警功能和自动停机保护功能。为了防止因轴承温升引起的烧伤，不使轴承寿命直接下降，轴承的使用温度应尽可能低，不能超过其极限值。

4.1.5.3　油污染监测与诊断法

滚动轴承失效的主要形式是磨损、断裂和腐蚀等，其主要原因是润滑不当，因此对使用的润滑油进行系统分析，即可了解轴承的润滑与磨损状态，并对各种故障隐患进行早期预报，查明产生故障的原因和部位，及时采取措施，防止恶性事故的发生。通过油样理化分析、光谱分析、铁谱分析等手段对轴承的健康状态进行分析，诊断轴承的异常。

4.1.5.4 间隙监测与诊断法

除圆锥滚子轴承外，滚动轴承的内圈和外圈中，即使固定了其中的一个，但由于其内部有间隙，未固定的轴承套圈仍可向一侧移动，该移动量就是轴承间隙，又称游隙。

若轴承套圈或滚动体磨损，轴承间隙会增大，与原始间隙值相比较即可知道磨损量。但是当轴承在设备中安装好后，特别是在旋转过程中，要直接测定间隙十分困难，因此多采用间接测量法，即用轴的位置测定代替轴承间隙的直接测量，比如测量轴的振摆、轴端移动量和轴心轨迹等。

间隙测定法对轴承磨损、电蚀的诊断比较有效，但由于其测量不直接，影响因素较多，并且当间隙较大时，轴承的故障一般都已经达到了相当严重的程度。即这种方法无法发现早期故障，只能避免整台机器故障的扩大，不能提前发现和预报故障。故目前这种方法只在大型机器、低速机器和检修周期很长的设备中采用。

4.1.5.5 油膜电阻监测与诊断法

转动中的滚动轴承，在轨道面与滚动体之间存在油膜，所以在内圈和外圈之间有很大的电阻。当润滑油状态发生变化或在轨道面、转动面上产生损伤的情况下，油膜就会发生变化。油膜的变化会导致电阻的变化，可以通过电阻的测定来判断油膜的状态，从而诊断滚动轴承的健康状态。

滚动轴承其他诊断方法还有声发射检测轴承的裂纹、光纤检测轴承间隙等。

4.1.6 案例分析

【案例】风机滚动轴承故障诊断

某发电厂单级离心式风机，输送一定流量、一定压力、介质温度 70～100℃、浓度小于 10% 的煤粉气流，风机转速为 1485r/min、配用 1 台功率为 850kW 的高压交流电动机。风机为悬臂转子，同侧双支撑结构，两组支撑轴承布置在同一个轴承箱体内，用机械油润滑，轴承箱体内用水对轴承进行冷却。风机侧为两个并列放置的单列向心短圆柱滚子轴承。风机机组整体布置如图 4-3 所示。

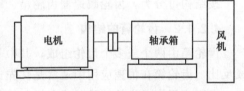

图 4-3 风机机组整体布置

通过对机组的定期监测和检测，并对采集的数据进行分析，发现风机轴承存在隐患。分析轴承水平方向振动频谱图中各振动峰值，再根据轴承型号（NU334），对照轴承手册，可计算出该轴承各故障频率，其中轴承外圈故障频率为 154.10Hz。对照频谱图找出轴承外圈故障频率及其倍频，同时，倍频两侧均分布有 1 倍频（1×）转速频率的边频带，说明轴承外圈故障已严重到一定程度。图 4-4 为风机叶轮侧轴承水平方向振动频谱图。

根据监测分析，建议在大修中检修轴承。后来利用设备大修的机会对风机进行解体，解体后发现风机端内侧轴承外圈出现一贯穿性裂纹。设备大修解体发现了缺陷的存在，该案例说明利用健康监测方法能够在设备运行过程中发现运转设备内部的故障，保障机组的高效安全运行。

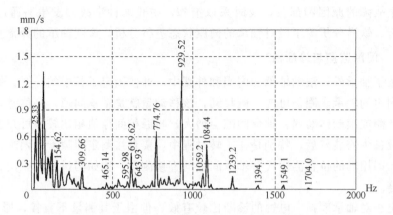

图 4-4　风机叶轮侧轴承水平方向振动频谱

4.2　齿轮箱健康监测与诊断

齿轮箱以其结构紧凑、效率高、寿命长、工作可靠等优点得以广泛应用。齿轮箱在工作时，都伴随着振动的产生，若发生故障，通常会引起振动的异常增大。齿轮、滚动轴承和传动轴有损伤时，会引起振动的异常增大，导致事故的发生，造成重大的损失甚至严重的人员伤亡。因此，开展齿轮箱的健康监测与故障诊断，尤其是振动监测与诊断，是齿轮箱正常运行的重要保障。

4.2.1　齿轮箱的分类及基本结构

4.2.1.1　齿轮箱的分类

按级数可分为：有级变速齿轮箱和无级变速齿轮箱；

按传动比可分为：减速器齿轮箱、增速器齿轮箱和变速器齿轮箱；

按结构可分为：齿轮减速器齿轮箱、蜗杆减速器齿轮箱和行星减速器齿轮箱。

4.2.1.2　齿轮箱的结构

齿轮箱由两个或多个齿轮组成，其中一个齿轮由电机驱动。齿轮箱的输出速度与齿轮比成反比。齿轮箱在恒速应用中通常是优先选用的，如输送机和起重机，其可以提供增加的扭矩。实际应用中，齿轮箱是各式各样，结构也不尽相同，主要包括齿轮、轴、轴承、箱座、端盖、润滑系统等。

4.2.2　齿轮箱中零部件常见的损伤形式

齿轮箱中一般包含齿轮、轴和滚动轴承等，这三类主要零件损伤时，产生的故障通常会互相影响，所以分析齿轮、滚动轴承和轴的主要损伤形式，对齿轮箱的故障诊断具有重要意义。

通常齿轮投入使用后，由于齿轮制造不良和操作维护不善，会产生各种形式的损伤，导致齿轮失去正常功能而失效。常见的齿轮损伤形式有齿面磨损、齿面胶合和擦伤、齿面接触疲劳、弯曲疲劳和断齿等。

在齿轮箱中，轴和轴系常见的失效形式有：不平衡、不对中、弯曲等现象。在齿轮箱中，滚动轴承的损伤形式有：内环、外环和滚动体的点蚀、疲劳剥落及保持架的损坏等。在齿轮箱中，轴的失效和滚动轴承的损伤多数情况下会引起齿轮的啮合变化，导致齿轮的失效。

4.2.2.1　齿轮的损伤形式

(1) 齿面磨损

齿轮在啮合过程中，往往在轮齿的接触面上会出现材料摩擦损伤的情况，磨损量不影响齿轮在预期寿命内应具备功能的磨损，称为正常磨损。轮齿正常磨损的特征是齿面光亮平滑，没有宏观擦伤，各项公差在允许的范围内。如果齿轮用材不当，或是接触面间存在硬质颗粒，润滑油供应不足或不清洁，在齿轮的早期磨损时往往有微小的颗粒分离出来，使接触面发生尺寸变化，并使齿形改变、齿厚变薄、噪声增大，严重磨损时齿轮就会失效。齿面磨损的形式可分为：磨粒磨损、腐蚀磨损和齿轮端面冲击磨损等。

① 磨粒磨损　在齿轮啮合过程中，若润滑油供应不足或工作齿面上有外来的微小颗粒，则齿面将发生剧烈的磨粒磨损。受到磨粒磨损的齿面，沿滑道方向会有细而均匀的条痕，齿面发暗。磨粒磨损的进一步发展，会使齿形改变、齿厚变薄、啮合间隙增大、传动时噪声增大，严重时还会断齿。

② 腐蚀磨损　化学腐蚀磨损是由于润滑剂中存在污染物和杂质，与齿轮材料发生化学或电化学反应，同时腐蚀部分由于啮合摩擦和润滑剂的冲刷而脱落，形成化学腐蚀磨损。腐蚀磨损是以化学腐蚀作用为主，并伴有机械磨损的一种损伤形式。齿轮磨损的化学腐蚀宏观特征是常呈现有腐蚀麻坑，并在工作齿面上沿滑动速度方向呈现出均匀而细小的磨痕。磨损产物都为红褐色小片，其主要成分是三氧化二铁。

③ 齿轮端面冲击磨损　齿轮端面冲击磨损是变速箱齿轮在换挡时，轮齿端面经常受到冲击载荷而导致的磨损。如果齿轮表面硬度过低，齿端面容易磨损或打毛；硬化层过浅，则易被压碎而暴露出心部软组织；齿轮心部过硬或金相组织中碳化物级别过差，则轮齿尖角处易出现崩裂现象。

(2) 齿面胶合和擦伤

胶合和擦伤一般发生在重载或高速齿轮传动中，主要是由于润滑条件不合适而导致齿面间的油膜破裂。胶合磨损是在一定压力下齿轮两啮合齿面的金属直接接触，通过接触面局部发生黏合，在相对运动下黏合处分离，致使接触面上有小颗粒被拉拽出来。这种过程反复进行多次而使齿面发生破坏，是一种较严重的磨损形态。胶合磨损的宏观特征是齿面沿滑动速度方向呈现深、宽不等的条状粗糙沟纹，在齿顶和齿根处较为严重，此时噪声明显增大。

胶合分为冷黏合和热黏合。冷黏合是在重载低速传动的情况下发生的。由于局部压力很高，表面油膜破裂，造成轮齿金属表面直接接触，在受压力产生塑性变形时，接触点由于分子相互的扩散和局部再结晶等原因发生黏合，当滑动时黏合结点被撕开而形成冷黏合撕伤，冷黏合的沟纹比较清晰。热黏合通常发生在高速或重载传动中，由于齿面接触点局部温度升高，油膜及其他表面膜破裂，表层金属熔合而又撕裂形成的。热黏合可能伴有高温烧伤引起的变色。新齿轮未经磨合时，也常常在某一局部产生胶合现象，使齿轮擦伤。

(3) 齿面接触疲劳

齿轮在啮合过程中，既有相对滚动，又有相对滑动。这两种力的作用使齿轮表面层深处产生脉动循环变化的切应力。轮齿表面在这种切应力作用下，引起表层金属的剥落。其形式有麻点疲劳剥落、浅层疲劳剥落和硬化层疲劳剥落三种。

（4）弯曲疲劳和断齿

轮齿承受载荷，如同悬臂梁，其根部受到脉动循环的弯曲应力作用。当这种周期性的应力过高时，会在根部产生裂纹，并逐渐扩展。当剩余部分无法承受外载荷时，就会发生断齿。

在齿轮工作中，严重的冲击和过载接触线上的过分偏载以及材质不均都可能引起断齿。常见的断齿形式有整个轮齿沿齿根的弯曲疲劳断裂、轮齿局部断裂和轮齿出现裂纹等。

4.2.2.2 轴不平衡、不对中和弯曲

齿轮箱中如果有多根轴通过联轴器连接在一起，形成一个轴系工作，就可能会由于设计、制造、安装或者使用过程中的问题使轴系产生不平衡和不对中。不论工艺和加工精度多高，齿轮箱中的轴都会有不平衡产生，但是只要不平衡量控制在一定的范围，就不会对齿轮箱的正常工作产生影响。如果不平衡量超过一定的限度，就会对齿轮箱的正常工作产生影响，严重时还会引发事故。

4.2.2.3 滚动轴承的损伤

齿轮箱中滚动轴承的常见损伤形式与前一节介绍的滚动轴承的常见损伤形式一样，主要有内外环、滚动体的点蚀和疲劳剥落，保持架损坏等。其故障特征和故障诊断方法与前一节介绍的一样，只是齿轮箱中滚动轴承的损伤也会引起齿轮啮合状态的变化，表现为齿轮的失效。

4.2.3 齿轮箱振动分析方法

振动是齿轮箱故障最主要的表现形式，齿轮箱振动监测与故障诊断除了常用的时域分析和频谱分析以外，还包括功率谱分析、调制信号分析、倒频谱分析、细化倒频谱分析、平均响应分析等。

4.2.3.1 功率谱分析

由于从混有周期波形的随机波形中很难直接识别其中的周期信号，因而根据振动的原始时域波形无法进行故障判断。而利用数字计算机或数据处理机，通过 FFT 变换，将时域信号转换到频域中进行分析，则能为抽取有用信息提供途径。如随机信号的自功率谱密度函数主要用来建立信号的频率结构，若分析其频率组成和响应量大小，便能从频域上为齿轮故障判断提供依据。

4.2.3.2 调制信号分析

齿轮振动有时是很复杂的振动，而从复杂的齿轮振动功率谱图上，一般很难直观地看出其中的特点和变化。进行调制信号分析，能显示出齿轮振动状态的变化，有利于故障的分析。

随着齿轮状态的劣化，势必出现由振动信号调制感应产生的边频带效应。啮合频率为 f_m 的等幅振动在齿轮转轴旋转一周期间，因转频 f_r 的振动而导致其振幅有变化，即等幅

波被调制。因此，在齿轮振动功率谱图上，除在频率 f_m 处有谱线外，还在 $(z-1)f_r$ 和 $(z+1)f_r$ 处有谱线。同样，在 $(z-2)f_r$ 和 $(z+2)f_r$ 以及 $(z-3)f_r$ 和 $(z+3)f_r$ 处也有谱线，如图 4-5(a) 所示，图中以频率 ef 为中心，每隔 $\pm f_r$，就有一谱线形成所谓的边带信号，边带信号的谱线间隔是调制波的频率 f_r。在实际振动功率谱测量中，边带信号近似为峰值间距 $\Delta f = f_r$ 的对频率 f 的周期波形，如图 4-5(b) 所示。

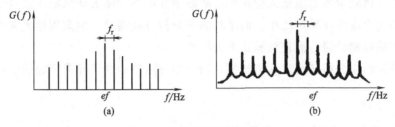

图 4-5　齿轮振动边带信号图

利用调制信号分析可以识别齿轮的异常振源。例如小齿轮和大齿轮的旋转频率分别为 f_1 和 f_2，其啮合频率为 f_m。经调制信号分析，如有间距为 f_1 的边频带，则可判定缺陷存在于小齿轮。这是因为小齿轮调幅的上限边频带为 f_m+f_1、f_m+2f_1 和 f_m+3f_1 等，其下限频带为 f_m-f_1、f_m-2f_1 和 f_m-3f_1 等。如果边频带具有间距 f_2，则判定缺陷存在于大齿轮上。因为大齿轮调幅的上限边频带为 f_m+f_2、f_m+2f_2 和 f_m+3f_2 等，其下限边频带为 f_m-f_2、f_m-2f_2 和 f_m-3f_2 等。

4.2.3.3　倒频谱分析

由于一般齿轮箱中都有很多转轴和齿轮，因而有很多不同的旋转速度和啮合频率。每个旋转频率都可能在每个啮合频率周围调制出一个边带信号，因而齿轮箱振动功率谱中，可能出现很多大小、周期都不相同的周期信号，便很难直观地看出其变化与特点。如果对具有边带信号的功率谱本身再进行一次谱分析，则能把边带信号分离出来，使功率谱中的周期分量在第二次谱分析的谱图中为离散线谱，其高度就反映原功率谱中周期分量大小，极容易识别。进行的二次谱分析就是倒频谱分析。

4.2.3.4　细化倒谱分析

在齿轮的异常振动信号中，一般都含有因调制而产生的边带信号，因而边带信号特征的提取与分析是齿轮故障诊断中关键的一步。边带信号分析要求有一定频率分辨能力的频谱，为提高频率分辨能力，通常采用细化倒谱分析。

采用高分辨率的傅里叶分析方法，可获得细化幅值谱。该方法是一种基于复调制的高频率分辨率的分析方法，它能以指定的足够频率分辨率来分析某一带宽信号在频率轴上任何窄带内的谱结构。因此，细化谱可以识别出倒谱中无法识别的边带信号。

4.2.3.5　平均响应分析

齿轮的振动可认为是旋转同步的周期振动加上复杂的随机振动而形成的。但在其故障诊断中，所需的只是旋转运动同步的周期振动信号，因而在信号分析时应尽量设法除去其中随机振动信号。平均响应分析是从混有干扰的信号中提取周期信号的一种分析方法，在齿轮振动信号分析中，常用此方法去排除振动干扰信号，使齿轮缺陷产生的周期分量突出，提高信噪比。

在齿轮振动信号的平均响应分析中，时标可以通过乘以一定的传动比，将某一齿轮轴的一整转周期从脉冲周期 T 转化成指定的周期 T'，输入信号即可以周期 T' 分段采样再叠加平均，并经平滑化后输出。因而平均响应分析法与频谱分析法不同，前者需提取加速度和时标两个输入信号，而后者只需提取加速度信号。另外，频谱分析提供了各个频带内的功率，其大小主要取决于该频带内能量最大的振源，故频谱分析不能略去任何输入信号分量，待检齿轮的信号可能完全淹没在噪声之中。而平均响应分析可以消除与给定周期无关的全部信号分量，保留确定的周期分量，而使信噪比大大提高。

此外，平均响应分析还可以从齿轮振动信号中分离滚动轴承异常引起的信号，提高诊断的准确性。

4.2.4　齿轮箱典型故障振动特征

齿轮箱正常运转时，振动信号一般为各轴的转频和啮合频率。当齿轮箱产生故障时，其振动信号频率成分和幅值将发生变化。齿轮箱典型故障有齿形误差、齿轮磨损、轴系不对中、箱体共振等十多种，各典型故障的主要特征如下。

（1）齿形误差

齿轮的失效形式中，凡是造成齿轮齿形改变的故障，称为齿形误差。齿形误差可能是在投入使用后产生的，也可能是在制造或安装过程中产生的。在齿轮制造的过程中，由于加工设备分度不准、刀具磨损，会产生齿轮齿距误差及齿形误差；在齿轮安装过程中，由于安装偏心，或者联轴器安装不同心，都会产生齿形误差；在齿轮工作过程中，会产生齿面点蚀、疲劳剥落和局部齿面磨损等集中型的齿形误差。

齿形误差引起的振动特征基本相同，主要特征有：以齿轮啮合频率及其谐波为载波频率，齿轮所在轴转频及其倍频为调制频率的啮合频率调制。一般的齿形误差产生的调制边频带窄，以一阶边频调制为主，且边频带的幅值较小。严重的齿形误差，会激起齿轮的固有频率，出现以齿轮固有频率及其谐波为载波频率，齿轮所在轴转频及其倍频为调制频率的齿轮共振频率调制。振动能量（有效值和峭度）有一定程度的增大，其特征图谱如图 4-6 所示，GMF 为齿轮啮合频率，f_0 为齿轮固有频率。

（2）齿轮磨损

在齿轮齿面磨损失效中，当属于均匀磨损的性质时，一般不形成齿轮齿形的局部大改变，其箱体振动信号的特征也和齿形误差不同，表现为啮合频率及其高次谐波的幅值明显增大，阶数越高，幅值的增大幅度越大，而且振动能量（有效值）也有较大幅度的增加。但一般不会产生明显的调制现象。所以就齿轮故障诊断而言，它属于另一类典型故障。

如果齿轮箱中的齿轮发生非均匀的磨损，局部几个轮齿有较严重的磨损，或是发生全部轮齿都磨损，但部分轮齿磨损的程度较另一部分轮齿要严重的多时，会产生齿轮啮合频率及其谐波为载波频率的情况。齿轮所在轴转频及其倍频为调制频率，但幅值小，特征频谱如图 4-7 所示。

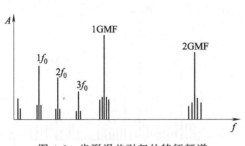

图 4-6　齿形误差引起的特征频谱

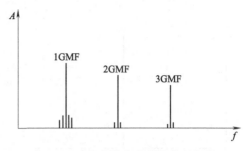

图 4-7　齿轮非均匀磨损的特征频谱

(3) 轴系不对中

齿轮箱轴不对中的故障，主要出现在齿轮箱与其他部件相连接的联轴器部位。在轴旋转过程中，当联轴器两端的轴虽平行但不对中时，轴会受径向交变力的作用。轴每转一周，径向力交变两次。在径向力的作用下，轴会在径向产生振动，而且由于轴之间的偏差，齿轮传动中通常会导致齿形误差，在齿轮箱的运行过程中，会产生齿轮的啮合频率调制现象。

轴系不对中的振动特征是：以齿轮啮合频率及其谐波为载波频率，齿轮所在轴转频及其倍频为调制频率；调制频率的 2 倍频幅值最大；齿轮啮合频率及其谐波幅值增大；振动能量（有效值和峭度）有一定程度的增大，特征频谱如图 4-8 所示，GMF 为齿轮啮合频率，1×为轴旋转频率。

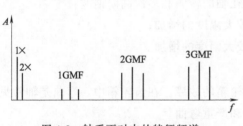

图 4-8　轴系不对中的特征频谱

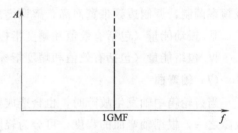

图 4-9　轴向窜动的特征频谱

(4) 轴向窜动

轴向窜动也是齿轮常见的一种故障形式。当齿轮箱中同一轴上有两个同时参与啮合的斜齿轮时，由于斜齿轮啮合会产生轴向力，当轴向力不平衡时，就可能产生轴向窜动现象。

当齿轮箱中齿轮发生轴向窜动时，时域信号表现为频率与故障轴上相啮合的齿轮中较大的齿轮啮合频率相等，一周内有正负各一次大的尖峰冲击振动，频谱中啮合频率幅值明显增大。特征频谱如图 4-9 所示。

(5) 箱体共振

如果箱体是薄板结构，则引起箱体共振的外部激励的能量就不需要很大，地基传来的震动、轴系的轻度弯曲以及齿形的较大误差在运行中产生的激励都会激起箱体的固有频率，但一般不会产生箱体共振调制现象，共振信号呈现较稳定的状态。且齿轮箱的一阶固有频率占主导地位，其他频率成分很低，振动能量有很大的增加，特征频谱如图 4-10所示。

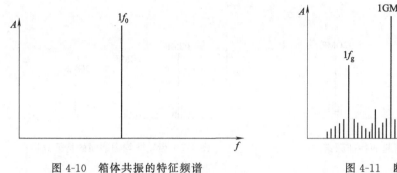

图 4-10　箱体共振的特征频谱　　　　　　图 4-11　断齿的特征频谱

(6) 断齿

断齿是齿轮失效的一种严重形式，也是常见的失效形式之一，其中多数断齿为疲劳折断。发生断齿时，测试齿轮箱箱体振动信号，并利用时域分析、频谱分析、细化谱分析和解调谱分析等信号处理方法进行分析，特征频谱如图 4-11 所示，图中 f_g 为固有频率。

发生断齿时齿轮箱箱体振动信号的主要特征为：

ⅰ. 以齿轮啮合频率及其谐波为载波频率时，齿轮所在轴转频及其倍频为调制频率的啮合频率调制，调制边频带宽而高，解调谱出现所在轴的转频和多次高阶谐波；

ⅱ. 以齿轮各阶固有频率为载波频率时，齿轮所在轴转频及其倍频为调制频率的齿轮共振频率调制，调制边频带宽而高，解调谱出现所在轴的转频和多次高阶谐波；

ⅲ. 振动能量（包括有效值和峭度指标）有较大幅度的增加；

ⅳ. 包络能量（包括有效值和峭度指标）有较大幅度的增加。

(7) 轴弯曲

当齿轮箱中轴发生故障时，也会造成整个齿轮箱的故障。在齿轮箱中，弯曲是轴常见的故障之一，根据轴弯曲的程度，可分为轻度弯曲和严重弯曲。

① 轻度弯曲　在齿轮传动中，轻度弯曲将导致齿形误差，形成以啮合频率及其倍频为载波频率，以齿轮所在轴转频为调制频率的频率啮合调制现象。如果弯曲轴上有多对齿轮啮合，则会出现多对啮合频率调制现象。但一般谱图上边频带数量少而稀，它与齿形误差虽有类似的边频带，但其轴向振动能量明显加大。轴轻度弯曲的特征频谱如图 4-12 所示。

② 严重弯曲　当齿轮箱中出现轴严重弯曲时，测试其箱体振动信号，并进行时域分析、频谱分析和解调分析，轴严重弯曲的特征频谱如图 4-13 所示。轴严重弯曲时齿轮箱箱体振动信号的主要特征为：

ⅰ. 以齿轮啮合频率及其谐波、齿轮固有频率、箱体固有频率为载波频率，以齿轮所在轴转频为调制频率的啮合频率调制，谱图上边频带数量较宽，解调谱上出现所在轴的转频和多阶高次谐波；

ⅱ. 如果弯曲轴上有多对齿轮啮合，则会出现多对啮合频率调制；

ⅲ. 弯曲轴的多对齿轮的啮合频率及其高次谐波增大；

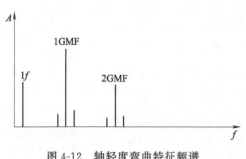

图 4-12　轴轻度弯曲特征频谱

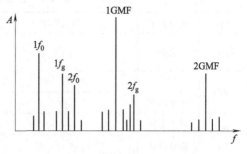

图 4-13　轴严重弯曲特征频谱

ⅳ. 振动能量（包括有效值和峭度指标）有较大幅度的增加；

ⅴ. 包络能量（包括有效值和峭度指标）有较大幅度的增加。

（8）轴严重不平衡

轴严重不平衡时，也将导致齿形误差，其频谱图如图 4-14 所示。轴有较严重的不平衡时的主要特征为：

ⅰ. 齿轮啮合频率及其谐波为载波频率，齿轮所在轴转频及其倍频为调制频率的啮合频率调制，调制边频带数量少而稀，解调谱上一般只出现所在轴的转频；

ⅱ. 故障轴的转频成分有较大程度的增加；

ⅲ. 振动能量（包括有效值和峭度指标）有一定程度的增加；

ⅳ. 包络能量（包括有效值和峭度指标）有一定程度的增加。

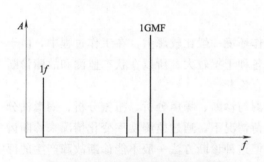

图 4-14　轴严重不平衡的特征频谱

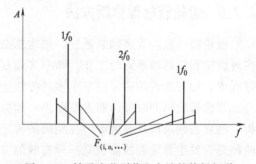

图 4-15　轴承疲劳剥落和点蚀的特征频谱

（9）轴承疲劳剥落和点蚀

在齿轮箱轴系中，一般滚动轴承内圈与轴多为紧密的过盈配合，即轴与内圈牢固地连为一体，要激起固有频率需要较大能量，且内圈固有频率与自由状态下测得或计算的频率完全不同。外圈与箱体轴承座也是过盈配合，但同内圈比较，要松得多，且外圈在工作中一直受到滚动体对其的压力。当轴承有故障并运行一段时间后，外圈与轴承座之间基本完全松动，外圈固有频率与自由状态下测得或计算的频率基本相同。由于外圈松动且质量轻，轴承元件出现故障时，振动能量通过滚动体传到外圈上，激起外圈固有频率。齿轮箱中轴承故障的载波频率一般为外圈的各阶固有频率，调制频率为产生剥落元件的通过频率，如图 4-15 所示，$F_{(i,o,\cdots)}$ 为产生剥落元件的通过频率，f_0 为固有频率。

将上面各类故障进行总结和归纳，表 4-1 列举了齿轮箱典型故障的振动特征。

表 4-1 齿轮箱典型故障的振动特征

部件	失效类型	振动频率	振幅特征	振动方向	其他
转子	失衡	f_r	随 f_r 增大	径向	受悬臂式载荷时有轴向振动
轴	弯曲	f_r、$2f_r$、nf_r	随 f_r 增大	径向最大	
	截面扁平	$2f_r$	随 f_r 增大	径向	
联轴器	对中不良	f_r、$2f_r$、nf_r	变化不定	径向 $2f_r$，轴向 f_r	齿轮联轴器的振动特征与齿轮相同
	配合松动	f_r/n、f_r、nf_r	变化不定	径向	
	不良	f_r	变化不定	径向	
滚动轴承	内圈故障	$0.5Z(1+d\cos\alpha/D_m)f_r$	变化不定	径向	轴承的高频振动不易传给其他部位
	外圈故障	$0.5Z(1-d\cos\alpha/D_m)f_r$	变化不定	径向	
	滚珠缺陷	$0.5D_m/d[1-(d/D_m)^2\cos^2\alpha]f_r$	变化不定	径向	
滑动轴承	润滑不良	f_r	变化不定	径向	
	油膜涡动	$(0.42\sim0.48)f_r$	突变	径向	
	油膜振荡	$(0.42\sim0.48)f_r$	突变	径向	
基础	翘曲不平	f_r、$2f_r$、nf_r	随 f_r 增大	轴向较大	
	刚性不好	f_r	随 f_r 增大而减小	轴向	

注：f_r——轴的转动频率；Z——轴承钢球数；d——轴承钢球直径；D_m——轴承平均直径；α——轴承接触角；n——自然数。

4.2.5 齿轮箱故障诊断方法

齿轮箱一般均为多轴系系统，结构复杂，工作环境一般比较恶劣，在工作过程中，由于多对齿轮和滚动轴承同时工作，频率多而复杂，各种干扰较大。所以在状态监测和故障诊断过程中，如有条件的话，应采用多种方法进行综合诊断。

当前齿轮箱的故障诊断方法很多，如振动监测与诊断、噪声分析、扭振分析、润滑油分析、温度监测及能耗监测等。在相同的转速和负荷情况下，通过监测功率变化情况来诊断齿轮箱是否发生异常和故障也是一种有效的方法，但这种诊断方法一般不能诊断故障产生的部位和原因，只能诊断有无异常和故障，通常作为一种辅助诊断手段。在相同的转速和负荷情况下，对轴承座的温度进行监测是状态监测及故障诊断一种有效的方法。温度的变化反映了安装在这个轴上的齿轮和滚动轴承的故障程度。但是这种诊断方法的缺点是测点一定要在轴承座上或非常靠近轴承座的位置，否则故障的初期温度变化不灵敏。这就要求在轴承座上预先安装温度传感器，而这一点在很多场合是无法实现的。

4.2.5.1 齿轮箱振动监测与故障诊断

齿轮箱健康监测和故障诊断最常用的是振动监测与诊断技术。齿轮箱中的轴、齿轮和轴承在工作时会产生振动。若发生故障，其振动噪声信号的能量分布和频率成分将会发生变化，对其状况进行分析，可实现不停机操作状态下的故障诊断，大大减少了由于停机所造成的经济损失。而且基于振动噪声分析的故障诊断系统性能可靠，价格便宜，操作简单方便。

齿轮箱振动监测与故障诊断一般分为四个步骤进行：信号检测、特征提取（信号处理）、状态识别和诊断决策。对齿轮箱典型故障的机理研究和特征提取在整个诊断过程中占有举足轻重的地位。由于齿轮箱的结构复杂，传递路径较多，齿轮箱工作时齿轮、轴承、轴系等部件产生的振动信号频率复杂。加上齿轮箱工况变化大、噪声干扰严重，涉及的问题较多，准确地提取各种典型故障的特征是进行齿轮箱故障诊断的关键。根据提取的故障信号的特征，再提出行之有效的诊断方法。

采用分析仪器对采集和记录的信号进行时域分析、频谱分析、细化选带频谱分析和带通滤波的细化解调分析。时域分析是分析各测点的振动速度的时域信号特征值（均方根值、峰值、峭度和峰值指标）和包络时域信号特征值（均方根值、峰值、峭度和峰值指标）的大小，若有指标超标则可能发生了故障。

频谱分析是分析各轴啮合频率及其高次谐波幅值大小，观察幅值的变化情况，看调制边频带的产生和分布情况。细化选带频谱分析是进一步分析各轴啮合频率成分及其高次谐波幅值的大小，观察其幅值的变化情况。在精确分析各特征频率幅值大小时，应用离散频谱校正技术对幅值大小进行校正。

带通滤波的细化解调分析是分析齿轮所在轴转频或滚动轴承通过频率是否是调制频率。若存在这些调制频率成分，能精确分析出这些频率成分的大小和幅值分布等，说明齿轮箱产生了调制类型的故障。

在分析过程中，一定要将信号处理的结果与上述典型故障的特征和诊断策略结合起来，判断是哪一类故障特征。由于齿轮箱结构复杂，工作状况差别很大，所以很多情况要根据具体的现场情况作具体的分析，灵活分析故障和提取故障特征。

根据建立的档案、测试分析提取的故障特征来诊断是否发生故障、故障的严重程度、故障产生的部位，分析故障产生的原因，决定是否进行维修。在分析故障产生原因时，一定要注意现场调查，因为在很多情况下故障是因为误操作等偶然因素而产生的。

4.2.5.2　润滑油分析技术

润滑油分析技术也是实现齿轮箱故障预报和诊断的重要手段之一。齿轮在工作过程中需使用润滑油润滑，机械磨损颗粒会沉积在润滑油中，通过对油液中所含有的机械磨损颗粒以及其他微粒进行定性定量测量，从而得到有关零部件磨损状态、机器工作情况以及系统污染程度等方面的重要信息，这种方法也称为油污染监测与诊断技术，它包括光谱分析法和铁谱分析法等。

采用润滑油分析技术进行齿轮箱状态监测和故障诊断具备如下特点：

ⅰ.不拆机，无需安装传感器（随机监测除外）；

ⅱ.操作易于掌握，方法十分简单、直观；

ⅲ.信息量较大。

4.2.6　案例分析

【案例】离心泵机组齿轮减速箱振动分析和故障诊断

某石化股份有限公司二号乙烯装置 EGT2140A 离心泵机组是一套进口装置，离心泵通过汽轮机和齿轮减速箱带动。汽轮机型号 DDG81-35，功率为 660kW，转速为 4780r/min，离心泵为双吸泵，转速为 1485r/min。在长时间运行后，原来的齿轮箱已不能使用，更换了一个国产齿轮箱。运行过程中振动过大，虽经多次检修和改造但收效甚微。为此，需对机组进行振动测试和分析，找出机组振动的原因，提出改造措施，保证机组正常安全运行。

（1）振动测试

① 测点布置　机组出现过大振动，主要是齿轮箱的振动，为此，在齿轮箱上选择的测点布置如图 4-16 所示。

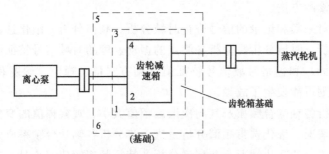

图 4-16　汽轮机组齿轮箱测点布置

② 测试依据　在 ISO 2372 标准中规定了功率大于 $300\mathrm{kW}$、转速为 $10\sim200\mathrm{r/s}$ 大型旋转机械振动烈度的评定等级，A 级（运行状态优良）的 $V_{\max}=1.8\mathrm{mm/s}$；B 级（可以长期运行）的 $V_{\max}=4.5\mathrm{mm/s}$；机器可短期运行，但必须采取补救措施的 $V_{\max}=11.2\mathrm{mm/s}$。

③ 测试数据　选用美国 CSI 公司的 190 振动分析仪对机组的振动情况进行现场测试，传感器为压电式加速度传感器。在转速为 $1682\mathrm{r/min}$ 时，对齿轮箱进行三个方向的测试，即水平径向 H、垂直径向 V 和轴向 A。具体振动数据如表 4-2 所示。

表 4-2　各测点振动测试数据　　　　　　　　　　　　　　　　　　　mm/s

测点	H	V	A
1	2.4903	2.9913	7.8253
2	5.0141	4.2996	24.0195
3	2.6718	2.8041	7.0444
4	5.0251	4.4133	22.4649
5	1.9788	3.3226	1.0345
6	2.1095	1.8954	3.5117

（2）数据和频谱分析

从表 4-2 可以看出，2 点和 4 点的轴向振动严重超标，1 点和 3 点的轴向振动也超标，且各测点（除测点 5）的轴向振动明显大于其他两个方向的振动。为了进一步分析振动原因，要具体分析振动超标点的频谱组成。图 4-17 为测点 2 的轴向振动频谱图。

从图中得知测点轴向振动主要是 1 倍频（$f=26.6\mathrm{Hz}$）的振动，同时出现了 32 倍频（$f=853.7\mathrm{Hz}$）、64 倍频（$f=1707.7\mathrm{Hz}$）、96 倍频（$f=2561.1\mathrm{Hz}$）等的振动，即 1 倍频及 n 倍频的振动。

其他各点的也都是 1 倍频的振动和 n 倍频的轴向振动。

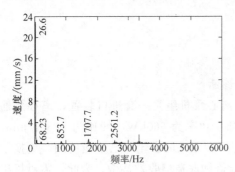

图 4-17　测点 2 轴向振动频谱图

(3) 轴向振动机理

① 支撑刚度小 齿轮箱直接安装在机组油箱的盖板上，其物理模型如图 4-18(a) 所示，它是由基础、油箱盖板和齿轮箱构成，进一步简化为图 4-18(b)。

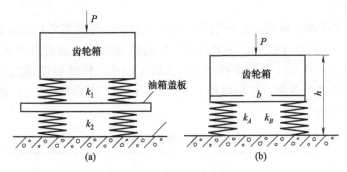

图 4-18 齿轮箱振动模型

通过理论推导，其轴向振幅可表示为

$$a = a_0 + \frac{h}{b}\left(\frac{p}{k_A} - \frac{p}{k_B}\right) = a_0 + \frac{h}{b}\frac{p(k_B - k_A)}{k_A k_B} \tag{4-8}$$

式中 a_0——轴向振动原始值；

h——齿轮箱的高度；

b——齿轮箱的宽度；

p——激振力；

k_A，k_B——齿轮箱 A、B 两侧的支撑动刚度。

由式 (4-8) 可以看出，在初始值一定时，轴向振动与齿轮箱的高度、激振力成正比，与齿轮箱两侧支撑刚度差成正比，与支撑的刚度成反比。显然，齿轮箱轴向振动过大的可能原因有激振力过大、齿轮箱两侧支撑刚度差过大或齿轮箱支撑刚度偏小。本机组的齿轮箱直接安装在油箱的盖板上，支撑刚度小是引起过大的轴向振动原因之一。

② 联轴器的角度不对中 角度不对中意味着两轴的中心线相交并呈一定角度。在螺栓拉力作用下，两半联轴器中存在一个弯矩，弯矩的作用是力图减小两轴中心线的交角。从联轴器某一点上观察，轴旋转一周，弯矩的作用方向交变一次，弯矩施加于轴的弯曲变形也是每周变化一次，由此引起同频振动。

假如联轴器上各螺栓在静止状态时初始拉紧力相同，由于角度不对中，两半联轴器上对应的一对螺孔轴向距离不相等，在旋转过程中，螺孔距离将发生周期性变化，轴每旋转一周，螺栓拉伸力变化一次。如果螺栓不变形，则半联轴器就要带着轴沿轴向窜动一次，引起转子轴向振动。

本机组有四个转动轴、两个联轴器，联轴器的角度不对中是轴向振动大的原因之一。

③ 基础翘曲不平 齿轮箱在安装时，齿轮箱底部与支撑基础接触不符合要求，接触面不平整，可直接导致齿轮箱剧烈的轴向振动。本机组的齿轮箱底部与支撑基础之间有一块钢板，接触面积大，但不能保证大面积的均匀、全部接触，这也是导致过大的轴向振动的原因之一。

(4) 机组改造

① 改造方案 根据上面的分析，齿轮箱振动超标的主要原因是齿轮箱联轴器的对中度

不好；基础翘曲不平；支撑刚度小等。为此，采取以下改造措施：

ⅰ.更换联轴器，检查泵和汽轮机轴与齿轮箱轴的角度对中，使之达到要求；

ⅱ.改造基础，在油箱的盖板上增加一块钢板，该钢板直接焊接在油箱两端的槽钢上，增加基础的支撑刚度；

ⅲ.齿轮箱的底板做成两块小的平钢板，减小接触面，降低接触面的翘曲不平。

② 改造效果　机组经改造后，在原转速下对齿轮箱的原测点进行测试，改造前后各测点的振动数据如表 4-3 所示，各测点振动均有大幅度减小，降低幅度最大可达 98.97%，最小也为 34.47%，改造后各测点的振幅均小于 2.0 mm/s，满足 ISO 2372 中可长期运行的要求，机组运行平稳安全。

表 4-3　改造前后各测点的振动数据　　　　　　　　　mm/s

测点	H			V			A		
	改造前	改造后	降低百分比/%	改造前	改造后	降低百分比/%	改造前	改造后	降低百分比/%
1	2.4903	0.9544	49.63	2.9913	0.8840	70.45	7.8253	0.2516	96.78
2	5.0141	1.0284	79.49	4.2996	1.8396	57.21	24.0195	0.7242	98.97
3	2.6718	1.7508	34.47	2.8041	0.8699	68.98	7.0444	0.2235	96.83
4	5.0251	1.3693	72.75	4.4133	1.9257	56.36	22.4649	0.5537	97.53
5	1.9788	0.6900	65.13	3.3226	0.6297	81.05	1.0345	0.6548	36.70
6	2.1095	1.0102	52.11	1.8954	0.7256	61.71	3.5117	0.6456	81.62

第5章 旋转设备健康监测与诊断

旋转设备或旋转机械是指通过旋转运动实现其主要功能的机械设备，尤其是指转速较高的机械设备。旋转机械是机械设备的重要组成部分，包括通过转子的旋转将能量传输给被输送流体并提高流体压力的离心泵、轴流泵、离心压缩机和轴流压缩机等；利用高压蒸汽或气体的压力膨胀做功而推动转子旋转的蒸汽涡轮机、燃气涡轮机等；通过容积改变提高压力的容积式流体机械，如螺杆压缩机、螺杆泵、真空泵、罗茨鼓风机、齿轮泵等；通过转子旋转实现分离、萃取、搅拌等的过程机械，如离心式分离机、离心式萃取机、涡轮式搅拌器、高速转盘喷雾器等；通过转子旋转实现加工的加工机械，如车床、铣床、磨床等。

在规划、设计、加工制造、检验、安装、使用维护等整个生命周期中，旋转设备受到各种不可靠因素的影响，导致旋转设备出现各种问题或故障。这些旋转设备的故障都会导致旋转设备的振动，故障越严重，引起的振动也就越大。而振动加大也会进一步加剧原有故障的程度并可能引起新的故障发生。旋转设备的振动往往具有典型的故障特征，通过监测和检查，根据振动特征可找出故障的原因。因此，振动监测与诊断技术是旋转设备健康监测与诊断最主要也是最有效的诊断方法。其他诊断方法如油污染监测与诊断、温度监测与诊断等通常是作为辅助手段。因此本章重点介绍振动监测与诊断技术在旋转设备监测与诊断中的应用，并结合实际工程案例进行阐述。

5.1 旋转设备振动监测与诊断基础

5.1.1 旋转设备振动分类

旋转设备有很多故障原因，但故障的主要表现形式为振动，旋转设备振动可按振动频率、振幅方位、振动发生的部位、振动原因等进行分类。如按振动频率分，可分为基频振动、倍频振动、分数频振动及振动频率与转速频率成一定比例关系的振动；按振幅方位分为径（横）向振动、扭转振动等；按振动发生的部位分为转轴振动、轴承振动、壳体振动、基础振动和其他部位振动等；按振动原因分为不平衡振动、不对中振动、弯曲振动、偏心振动、自激振动、工作介质引起的振动等。

5.1.2 旋转设备振动特征参量

当旋转设备发生异常或出现故障时，一般情况下其振动情况都会发生变化，如振动幅值变化、频率变化、相位变化、方向变化等，经过多年的试验和研究，旋转设备发生故障时，振动参数具有明显变化的特征，因此与振动相关的参数被广泛地作为表征旋转设备健康状态的特征参量。

5.1.2.1 振幅

振幅是描述旋转设备振动大小的一个重要参数。运行正常的设备，其振动幅值通常稳定在一个允许的范围内，如果振幅发生了变化，便意味着设备的状态有了改变。因此监测设备振动的振幅可以用来判断设备的运行状态。

振幅通常是指振动位移振幅、振动速度振幅和振动加速度振幅。在旋转设备状态监测实际应用中，位移振幅通常用双振幅，即峰-峰值（Peak-Peak 值）来表示；速度振幅通常用单振幅的有效值，即振动烈度（V_{rms}）来表示；加速度振幅通常用最大单峰值来表示。

另外，在旋转设备振动监测与诊断中，经常用到通频振幅和基频振幅的概念。通频振幅是指同时受到几种不同频率的激励力作用的设备产生的振动信号，不经过滤波测得各种频率振动分量的叠加值。基频振幅是指在旋转设备转速频率下按正弦规律振动的幅值。

振幅表示了振动的程度和大小，是评定设备状态的一个重要指标。

5.1.2.2 频率

振动频率是描述振动快慢的一个参量，可分为基频（周期的倒数）和倍频（各次谐波频率），是描述旋转设备状态的另一个特征参量。由于特定的振动频率往往对应某一特定的故障，是表征故障机理的根源，所以在评定设备状态过程中，对振动频率的监测和分析是非常重要的，是测量和分析的最主要参数。

在旋转设备中，振动频率多以转子转速的整数倍或分数倍形式出现，因此振动频率除了可表示为每分钟的周期数（r/min）或每秒钟的周期数（Hz）外，还可以简单地表示为转速的整数倍或分数倍。这种表示方法是指机器振动频率与转子转速频率具有对应关系，但对于非同步振动，其频率则发生在上述谐波以外的频率上。

5.1.2.3 相位

很多机械设备故障，仅根据幅值谱图判断是不易区分的，这时需要对相位信息进行进一步分析，以做出正确判断。由于转子各类故障给转子带来的直接结果是破坏了转子的对称性，使转子同一截面上水平和垂直方向的振动信号在时域上的相位差不再是 90°，因此可以通过同一截面上水平方向信号和垂直方向信号的相位差来判断故障的类型。实际上，除了在同一截面不同方向上测量相位差外，还可通过不同测点的信号相位来判断故障的类型。例如，对于转子临时弓形弯曲、转子缺损和滑动轴承故障，其频谱都以 1 倍频为主，不易区分。如果进一步对其相位进行监测分析，则可以比较容易地将它们区分开：转子临时弓形弯曲时相位的变化比较稳定；转子缺损时相位会发生突变，然后保持稳定；轴承故障时相位在一定范围内的变化不稳定。

5.1.2.4 转速

旋转设备的基频与转速之间有着紧密的联系，而基频是旋转设备振动监测的一个重要参量。同时旋转设备的转速变化不仅表明了设备的负荷，而且当设备发生故障时，转速也会有相应的变化。例如当离心式压缩机组发生喘振时，转速会有大幅度的波动；当转子与静止件发生碰磨时，转速也会表现得不稳定。因此，转速是设备状态监测与故障诊断中一个比较重要的参数。

5.1.2.5　轴向位置（轴向位移）

轴向位置（轴向位移）又叫轴向窜动，就是轴向上的位移。对于发电机组、离心式压缩机、蒸汽透平、鼓风机等设备，轴向位移反映的是转动部分和静止部分之间的相对位置。轴向位移变化，也是定子和转子轴向相对位置发生了变化。轴向位移是旋转设备最重要的监测参量之一，对轴向位置监测是为了防止转子系统动静件之间摩擦故障的发生，此类故障是旋转设备常见的故障之一，也是最严重的故障之一。另外，当机器的负荷或机器的状态发生变化时，轴向位置会发生变化，如压缩机组喘振时的轴向窜动。因此轴向位置的监测可以为判断设备的负荷状态和冲击状态提供必要的信息。

5.1.2.6　轴心位置和轴心轨迹

轴心位置是描述安装在轴承中的转轴的平均位置的特征参量。大多数旋转设备的转轴在油压阻尼的作用下，会在设计确定的中心位置浮动。但当轴瓦磨损或转轴受到某种内部或外部的预加负荷时，轴承内的轴颈便会出现偏心。通常在机组启动时，也应重点对转轴的轴心位置进行监测。大型旋转设备转轴轴心位置一般是通过在轴承处径向安装两个电涡流位移传感器来监测的，电涡流位移传感器输出的直流分量即表示轴心位置的变化情况。

轴心轨迹实际上是轴心上一点相对于轴承座的运动轨迹，是轴心位置按时间序列连接起来的封闭的轨迹，它形象直观地反映了转子的实际运动情况。不同故障轴心轨迹是完全不一样的，如不平衡的轴心轨迹是近似椭圆，不对中的轴心轨迹是香蕉形，油膜涡动、油膜振荡的轴心轨迹也是完全不一样的。通过对轴心轨迹的观察，并结合一些其他故障特征，可以判断出一些常见的故障。

5.1.2.7　差胀、机壳膨胀

对于大型旋转设备，如汽轮发电机组，由于转子较长，在启动过程中转子受热快，沿轴向膨胀量比汽缸大，二者的热膨胀差称为"差胀"。当转子的热膨胀量大于汽缸的热膨胀量时，称为"正差胀"；当汽缸的热膨胀量大于转子的热膨胀时，称为"负差胀"。正差胀多出现在机器启动过程，负差胀多出现在减负荷或停机过程。显然，过大的差胀是不允许的。因此，在运行过程中，尤其是在启动、停机过程中，应对差胀进行监测，以防止差胀值超过动、静件之间的间隙值而发生摩擦，造成事故。

5.1.2.8　温度、压力及流量等工艺参数

介质温度、压力、流量及润滑油温度等参数通常被称为工艺参数，这些工艺参数的变化某种程度上也是某些故障的征兆。因此，这些参数也是判断故障的主要特征参数。例如离心压缩机在运行过程中，当压缩机流量过小，压缩机不能正常工作，气体打不出去时，导致出口管网中的高压气体倒流到压缩机内，这时候发生了我们熟知的压缩机的喘振。喘振最明显的特点是压缩机进、出口的流量和压力都出现大幅度的波动。因此压力、流量等的监测有助于判明故障的原因。再如轴承润滑油的温度，温度改变会导致润滑油的动力黏度改变，也将对转子振动产生影响。提高油温，动力黏度下降，对油膜稳定有好处；但是随着动力黏度的下降，阻尼也随着下降，会加剧振动。当故障表现为油膜失稳时，提高油温、降低黏度是有好处的；当故障由其他因素造成时，降低油温、提高动力黏度，增大了阻尼，可能不利于故

障的消除。因此应对润滑油温度进行监测，使之控制在适当的范围内。

总之，对介质的温度、压力与流量及润滑油温度等的监测是判断旋转设备运行状态的重要基础，有助于对故障做出更准确的判断，及时排除故障。

5.1.2.9　电流、电压等电量参数

在由电动机驱动的泵、压缩机、鼓风机等旋转设备和由汽轮机、水轮机驱动的发电机组中，对电流、电压等电量参数的监测也是非常重要的，因为这些参数直接表征了设备的运行状态，对设备的故障的诊断非常有用。例如当压缩机、泵、鼓风机等的转动部件与静止部件之间发生摩擦时，电流会相应发生变化。

5.1.3　旋转设备振动监测

5.1.3.1　测试对象和部位的选择

在旋转机械中，转子是设备的核心部件，机组能否正常运行主要取决于转子能否正常运转。当然，转子的运动与其他非转动件是有联系的，它通过轴承支承在机壳或基础上，构成转子-支承系统。大多数情况下，支承的动力学特性在一定程度上会影响转子的振动。但从总体上来看，旋转设备的绝大多数机械故障都与转子及其组件（齿轮、轴承）直接相关，其他位置的故障相对关联较少。

因此旋转设备振动监测的对象主要是转轴和支撑系统，即轴承，因为转轴的振动会传递到轴承上。因此对于大型旋转设备来说，主要通过监测轴承支撑、有轴承座的轴承和滑动轴承的转子的振动来发现故障。

既然大多数旋转设备的振动故障都直接与转子的振动有关，那么，监测转子比监测轴承座或机壳的振动更为直接和有效。尤其是当支承系统的刚度较大（或者说机械阻抗较大）时，轴颈的振动有时甚至比轴承座的振动大几倍到十几倍。因此，对于大型旋转，当用滑动轴承来支撑时，可以直接监测轴承处轴颈的振动。

在实际应用中，监测转子轴颈振动要比监测轴承座或外壳的振动更为困难，特别是需要合理地安装传感器。因为测量转子振动的非接触式电涡流传感器安装时需要在设备外壳上开孔，并且传感器与轴颈之间不能有其他部件。在大型高速旋转设备上，传感器的安装位置常常是在设计制造时就考虑预留的，而对低速的中、小设备来说，常常不具备这样的条件，在此情况下，可以选择在机壳或轴承座上安装传感器进行测试。

对于滚动轴承而言，轴颈与轴承之间只有极小的间隙，因此轴的相对振动值较小，但当滚动轴承出现严重磨损或损坏时，其振动值将明显增加。同样，齿轮本身出现故障时，轴系的振动反映比外壳和轴承座要明显得多。

综上所述，在对旋转设备进行振动检测时，测量转子振动是首选，但在不具备条件时也可以测量轴承座或外壳的振动情况。

5.1.3.2　转轴的振动测量

测量转轴振动时，一般是测量轴颈的径向振动，通常是在一个平面内相互垂直的两个方向分别安装一支探头，即两个测点相差 $90°$。最常见的探头布置方式有两种：对于垂直剖分的轴承盖，一般采用水平方向（X 向探头）、垂直方向（Y 向探头）布置；而对于水平剖分的，则通常将两个探头分别安装在垂直中心线每一侧 $45°$，但一般也定义为 X 向探头和 Y 向探头，如图 5-1 所示。

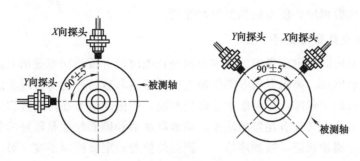

图 5-1　转轴径向探头布置方式

X 向探头和 Y 向探头的布置通常是这样规定的：从原动机械看，X 向探头应该在垂直中心线的右侧，Y 向探头应该在垂直中心线的左侧。实际应用中，只要安装位置可行，两个探头可安装在轴承圆周的任何位置，只要能够保证其 $90°\pm3°$ 的间隔，都能够准确测量轴的径向振动。表 5-1 为轴承与轴振动测量的区别。

表 5-1　旋转设备轴承与轴振动测量的区别

比较项目	轴承振动	轴振动
测量设备	1. 传感器安装和拆卸方便 2. 容易测定振动	1. 安装受到限制，安装较困难 2. 测定振动时比轴承困难
测量特点	测振灵敏度较低	1. 测振灵敏度高 2. 可直接测出轴振动的位移量
测量点的影响	测振点容易确定，周围环境影响小	测定场所对所测定值的影响较大
用途	可监测机械的所有振动	能比轴承较详细地监测振动，更直接

5.1.3.3　机壳（轴承座）的振动测量

机壳（轴承座）的振动测量，一般需要测量三个方向，如图 5-2 所示，即水平方向（X），垂直方向（Y）和轴向（Z）的振动，这是因为不同的故障在不同的测量方向上有不同的反映。例如，不平衡故障在径向振动较为明显，既有水平径向，也包括垂直径向；角度不对中故障常伴有明显的轴向振动，水平不对中常伴有 2 倍频的径向振动。

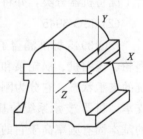

图 5-2　机壳（轴承座）振动测量的三个方向

如果所检测到的信号不真实、不典型或不能客观、充分地反映设备的实际状态，就无法对故障做出正确的诊断。因此真实而充分地检测到反映设备振动情况的信号是监测与诊断工作的关键。

5.1.3.4　转子绝对振动检测

把非接触式电涡流传感器安装在轴承上，可以测得转子相对于轴承的振动。相对于绝对惯性空间，轴承自身也在振动，因此测得转子相对于轴承的相对振动显然有一定的局限性。特别是对于大型汽轮发电机组，其转子质量非常大，可能转子相对于轴承的振动不是很大时，转子相对于惯性空间的绝对振动已经比较大了。此时仅测得转子相对于轴承的振动并不能满足状态监测与故障诊断的需要，因此还要对转子的绝对振动进行测试。

实际工程中，采用非接触式电涡流传感器测量转轴的相对振动，用电磁式速度传感器测量轴承座的绝对振动，并将振动速度信号通过积分放大电路转换为振动位移信号，然后在合成线路中按时域代数相加，便得到轴的绝对振动。

5.1.3.5 测点数量与测点布置

测点数量及方向的确定应考虑的基本原则是：能对设备振动状态做出全面描述，尽可能选择机器振动的敏感点、离机器核心部位最近的关键点和容易产生劣化现象的易损点。测量点应尽量靠近轴承的承载区，尽可能避免多层相隔，使振动信号在传递过程中尽量减少中间环节和衰减量。测量点必须有足够的刚度，轴承座底部和侧面往往是较好的测量点。测点一经确定，就应做好测量标记，按顺序编号。测点的位置一定要固定不变，可以安全、重复地采集数据。尽量不要在设备外壳、保护罩、轴承座剖分面、设备结构间隙上布置测点。

对于在机壳（轴承座）上的振动测量，测点的选择应考虑环境因素，避免选择高温、高湿度、出风口和温度变化剧烈的地方作为测量点，以保证测量的有效性。

通过对设备振动的监测，不仅可以得到振动的振幅，通过对信号进行记录、分析、处理，还可以得到振动的时域波形、频谱图、振动频率等。利用两个互为垂直的电涡流传感器测量转轴振动时，还可以得到转子的轴心位置和轴心轨迹。

5.1.4 振动监测标准

（1）ISO 2372

ISO 2372 是最早关于机器振动测量与评价的标准，其最核心的内容是建立了振动烈度的概念。它把振动烈度作为描述机器振动的特征量，以此作为对各种机器进行评价的基础。ISO 2372 明确规定振动速度的均方根值为振动烈度，并认为在 $10\sim1000\,\mathrm{Hz}$ 频段内速度均方根值相同的振动具有相同的振动烈度。根据振动体的质量、尺寸、系统特性、输出功率、运行工况将机器分类，并将每类机器分为四级，每级之间振动烈度相差 2 个级差。

（2）ISO 3945

ISO 3945 标准涵盖了大型旋转机械的振动，包括电动机、发电机、汽轮机、燃气轮机、涡轮、压缩机、涡轮泵和风机的机械振动。该标准所规定的振动烈度评定等级决定于机器系统的支承状态，它分为刚性支承和挠性支承，相当于 ISO 2372 中的 3 类与 4 类。对于挠性支承，机器-支承系统的基本固有频率低于它的工作频率；而对于刚性支承，机器-支承系统的基本固有频率高于它的工作频率。

5.1.5 旋转设备振动故障常用分析方法

旋转设备振动故障常用分析方法有时域波形图法、频谱图法、波特图法、奈魁斯特图法、轴心位置图法、轴心轨迹图法、瀑布图法、全息谱图法和趋势分析法等。

5.1.5.1 时域波形图法

时域波形图是振幅、相位与时间关系的图形。时域波形图可显示出稳态运转时各个通道振动的时域特性，其纵坐标为振动幅值，横坐标为时间（图 5-3）。用时域波形图来表示振动情况最简单、直观，不但可以看到转子振动峰值的变化，更能得到振动峰峰值的发展变化趋势，可判断出一些常见的故障，例如不对中、碰磨故障等。

5.1.5.2 频谱图法

频谱图可以表示振幅和相位随频率的变化情况，常见的有振幅频谱图和相位频谱图。图

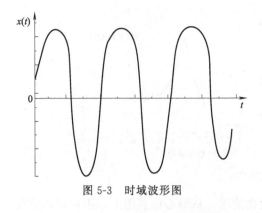

图 5-3　时域波形图

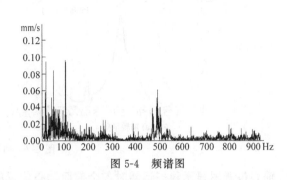

图 5-4　频谱图

5-4 为一信号的频谱图，该频谱图显示了稳态运转时振动幅值随频率的变化情况，根据不同时刻转子振动的频谱变化情况、发展情况，结合其他分析功能确定转子的运行工况。因为特定的振动频率往往对应某一特定的故障，所以通过频谱图可以找出故障的特征频率，从而诊断出故障的类型及原因等。

5.1.5.3　奈奎斯特图法

奈奎斯特图是转子在启动过程中，当转速增加时，将不同转速下的幅值和相位在极坐标平面上连成曲线而得到的，如图 5-5 所示。通过该图可以很直观地了解旋转机械在升速过程中，对应某一转速下振幅和相位的情况。

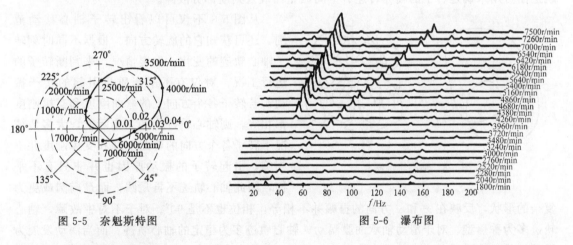

图 5-5　奈奎斯特图

图 5-6　瀑布图

5.1.5.4　瀑布图法

当把旋转机械启动或停机过程中各个不同转速下的频谱图画在一张图上时，就得到瀑布图。图 5-6 中横坐标为频率，纵坐标为转速和幅值。从瀑布图上可以清晰地诊断出滑动轴承油膜涡动和油膜振荡等故障。

5.1.5.5　波特图法

波特图可以表示转子在起动过程中，每个转速下的通频、基频或 2 倍频对应的振幅或相位相对于转速的变化关系。一般包括通频波特图、1 倍频和 2 倍频滤波波特图，从图 5-7 中可得出转子在各转速下的振幅，运行范围内的临界转速值等。

5.1.5.6　轴心位置图法

轴心位置图可以表示转轴在没有径向振动的情况下，轴心相对于轴承中心的稳态位置。

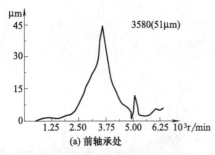
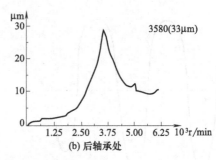

图 5-7　通频波特图

轴心位置图显示稳态运转时各个截面轴心位置的变化情况，从轴心位置图上，不但可以方便地看出转子轴心移动范围，还可以获知转轴各个方向与轴套之间间隙的大小。通过轴心位置图可以判断：轴颈是否处于正常位置、轴承标准高是否正常、轴瓦有无变形、轴与轴承中心的对中的好坏、转轴是否与其他物体碰撞、轴承是否有磨损等情况。

5.1.5.7　轴心轨迹图法

转子在轴承中高速旋转时并不只围绕自身中心旋转，还围绕某一中心作涡动，涡动的轨迹为轴心轨迹，也是按照时间序列将轴心位置连接起来的一个封闭轨迹。当涡动的方向与轴的旋转方向一致时，称为正进动；当涡动的方向与轴的旋转方向相反时，称为反进动，轴心轨迹图可用来确定转子的临界转速、空间振型曲线及判断部分故障。

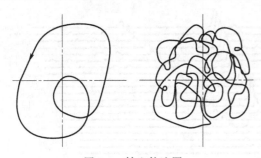

图 5-8　轴心轨迹图

从图 5-8 不仅可以看出转子轴心移动范围，还可获知它的旋转方向。根据不同时刻转子轴心轨迹的变化、发展情况，来判断转子的运行工况。对仅有不平衡质量引起的转子振动，若转子各个方向上的弯曲刚度和支撑刚度都相等，则轴心轨迹为圆。实际上，大多数情况下转子各个方向的弯曲刚度和支撑刚度并不相等，引起转子的振动原因也并非只有不平衡，因此轴心轨迹不再是圆，而是椭圆或更为复杂的形状，反映在 x 和 y 方向的振幅并不相等，相位也不是 90°。对于不对中故障，轴心轨迹多为香蕉型。对于滑动轴承油膜涡动，轴心轨迹多为稳定的轴心轨迹。而当涡动发展为滑动轴承的油膜振荡时，其轴心轨迹为发散的不稳定的轴心轨迹。如果同时从轴心轨迹的形状、稳定性和旋转方向等几方面综合分析，可以得到比较全面的机组运行状态信息。

5.1.5.8　全息谱图法

将设备的振动信号在完成傅里叶变换之后，进一步将两个相互垂直方向的频谱上的谱线加以集成，从而形成谱图或轴心轨迹，这种方法叫全息谱图法，如图 5-9 所示。它是一种在频域中融合信息的方法。全息谱处理的对象主要是平稳信号，因为全息谱是以傅里叶变换为基础的。由于在频域中集成了一个或多个截面上 x、y 两个方向振动信号的频率、幅值和相位，尤其是相位信息的利用，使得机组运行中隐含的故障特征充分显示出来，从而能正确地加以识别和诊断。全息谱有二维全息谱图、三维全息谱图、全息瀑布图等。在全息谱技术基础上开发的轴系全息动平衡技术，改善了现有转子的现场动平衡的方法。

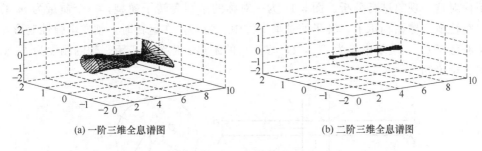

(a) 一阶三维全息谱图　　　　　　　　　(b) 二阶三维全息谱图

图 5-9　全息谱图

5.1.5.9　趋势分析法

把所测得的特征数据值，按一定的时间序列排列起来并进行分析的方法，称为趋势分析法。实时趋势图分析显示转子系统从当前时间开始到未来一段时间内的实际振动情况，可以预测将来的振动趋势，具体见图 5-10。

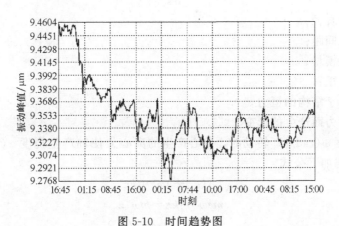

图 5-10　时间趋势图

5.2　转子动力学基础

5.2.1　转子临界转速

旋转机械的主要做功元件是转子，包括轴和叶轮。自从蒸汽机问世以后，旋转机械转动速度逐步提高。人们在大量生产实践中观察到，当旋转机械的旋转速度达到某一数值后，转子振动就大得使机组没法继续工作，似乎有一道不可逾越的高速屏障，这时对应的转速称为临界转速。在 20 世纪 20 年代前后，Jeffcott 用一个对称的单转子模型，在理论上分析了这一现象，证明只要在振幅还未增至过大时，迅速提高转速，越过临界转速点后，转子的振幅随着转速的提高会逐步减小，逐步趋于一个稳定值，换句话说，转子在高速区存在着一个稳定的、振幅较小的、可以工作的区域。转速继续提高，当转速达到某一个值时，转子的振动过大使得机组无法继续工作，此时对应的转速称之为第二临界转速，继续提高转速，再次越过临界点后，转子的振幅随着转速的提高又逐步减小，逐步趋于一个稳定值。从此理论之后，旋转机械的设计、运转进入了一个新时期，效率高、重量低的高速转子运用日益普遍，但旋转机械的转速得避开转子的各阶临界转速。

下面对这一现象进行分析。图 5-11 为一对称的单圆盘转子模型，一个质量为 m 的对称转子，刚性地支撑在轴承上，转子的轴承支撑中心为 O，在运转时，轴发生弹性变形，转子几何中心移至 O_r，质量中心为 O_m，O_m 至 O_r 的距离 e 称为偏心距，轴的刚度为 $k(\text{N/m})$，由材料力学可知

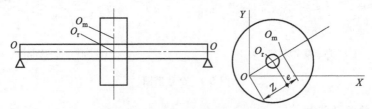

图 5-11　对称单圆盘转子模型

$$k = P/Z = 48EJ/I^3 \tag{5-1}$$

$$J = \frac{\pi d^4}{64}(\text{m}^4) \tag{5-2}$$

式中　d——轴的直径；

　　　I——轴承间距；

　　　E——弹性模量；

　　　J——惯性矩；

　　　P——作用于结构的恒力；

　　　Z——由于力而产生的形变。

当轴以角速度 $\omega(\text{rad/s})$ 转动时，偏心产生的离心力使轴产生挠度 $z(\text{m})$，由离心力与弹性力平衡，可得如下公式

$$m(e+z)\omega^2 = kz \tag{5-3}$$

或

$$me\omega^2 = kz - m\omega^2 z \tag{5-4}$$

解得

$$z = \frac{me\omega^2}{k - m\omega^2} = \frac{e(\omega/\omega_c)^2}{1-(\omega/\omega_c)^2} \tag{5-5}$$

式中，$\omega_c = \sqrt{\dfrac{k}{m}}$，称为临界角速度，因为当 $\omega = \omega_c$ 时，轴的挠度将趋近于无穷大，这时的转速 n_c 称为临界转速

$$n_c = \frac{60 \times \omega_c}{2\pi} = \frac{60}{2\pi}\sqrt{\frac{k}{m}}(\text{r/min}) \tag{5-6}$$

ω_c 或 n_c 是转子的属性，不依赖于转子偏心 e 的大小及有无，事实上，它是转子受扰动后的自由振动频率。为了深入掌握这一概念，我们从另一个角度来分析，设转子没有偏心，在其受扰动离开原来平衡位置后，如扰动力消失，则转子的运动方程可由弹性恢复力使转子产生加速度的角度来建立，即

$$m\frac{\mathrm{d}^2 z}{\mathrm{d}t^2} = -kz \tag{5-7}$$

此为齐次线性微分方程，其解为

$$z = x_0\cos\omega_c t + \frac{\dot{x}_0}{\omega_0}\sin\omega_c t \tag{5-8}$$

式中，x_0 及 ω_0 分别为初始位移及初始速度。可见，轴是以 ω_c 为角速度在振动，ω_c 它

仅与 k 及 m 有关。增加刚度，可使 ω_c 提高，增加 m 则使 ω_c 降低。

5.2.2　转子放大因子

当转子上有偏心，则在以角速度 ω 旋转时，转子受的力除 kz 外，还有离心力，这时的运动方程为

$$m\ddot{z} + kz = me\omega^2 e^{i\omega t} \tag{5-9}$$

式中，$e^{i\omega t}$ 项为旋转矢量，这是强迫振动，在数学上属于非齐次线性微分方程，其特解为

$$z = e\frac{(\omega/\omega_c)^2 e^{i\omega t}}{1-(\omega/\omega_c)^2} = e\beta e^{i\omega t} \tag{5-10}$$

$$\beta = \frac{(\omega/\omega_c)^2}{1-(\omega/\omega_c)^2} \tag{5-11}$$

β 称为放大因子，即转子在角速度为 ω、有偏心 e 时，轴的振幅绝对值为 $e\beta$。将 β 与 ω 进行标绘，如图 5-12 所示。

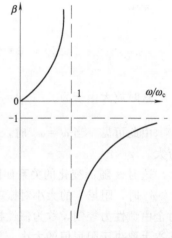

图 5-12　放大因子曲线

由图 5-12 可得出下列结论：

ⅰ. 当 ω 上升时，β 上升，即振幅逐步增大。

ⅱ. 当 $\omega/\omega_c = 1$ 时，$\beta \to \infty$，就是说转子无法在此转速附近下工作。实际上，转子的工作区域应小于 $0.7\omega_c$ 或大于 $1.4\omega_c$。

ⅲ. 当 ω 继续增大，$\omega/\omega_c > 1$ 时，由式 (5-11) 可知 $\beta < 0$，其物理意义是此时 O_m 点已不在 OO_r 的外伸线上，而是在 OO_r 中间。

ⅳ. 在 ω 略大于 ω_c 时，β 绝对值仍很大，当 ω 继续增大时，β 趋近于 -1，即振幅与偏心 e 相等，O_m 落到了轴承中心线 OO 上，此现象称为转子自动对中，有很大的实际意义。说明转子振幅不是随转速升高而无限增大，在超过 ω_c 后，振幅是随 ω 上升而下降，最后趋近于 e。

ⅴ. e 值的大小决定于动平衡的质量，动平衡好，e 值就小，振动也小。如每侧轴承受力为 F，则

$$F = \frac{1}{2}kz = \frac{ke}{2} \tag{5-12}$$

可见 e 小时，轴承在高转速时的受力也小，轴承座的振动也就下降。这也说明了动平衡的重要性。

ⅵ. 图 5-12 还可消除人们常有的误解，即以为离心力为 $me\omega^2$，ω^2 越大离心力也越大。其实过了临界转速，进入自动对中区后，转子的质心 O_m 基本落在轴承中心线 OO 上，也就是说，这时的偏心距不等于 e 而接近于零。轴的挠度 $|z| = e$，即转子的几何中心 O_r 到轴承中心线 OO 的垂直距离接近 e，换句话说，O_r 以约等于 e 的半径绕轴承中心线旋转，这时轴承受力 F 应以式 (5-12) 估计，而不是等于 $\frac{1}{2}me\omega^2$。

图 5-12 基本上阐明了转子-轴系统的临界转速、自动对中现象的含义，但还有两个问题

需要回答。在临界转速时，振幅是否一定会趋近于无限大？事实上，现在有一些转子就在接近临界转速处工作。其次重心 e 怎么会在临界转速前后突然由 OO_r 外侧转到 OO_r 之间或者说振幅怎么会由 $+\infty$ 到 $-\infty$？这些问题只有在考虑了实际存在的阻尼力后，才可以得到比较容易理解的答案。

一般为了计算方便，常用黏性阻尼模型，即认为阻尼力与相对运动的速度成正比，比例系数称为阻尼系数，以 c 表示，单位为 N/(m/s)，即单位速度产生的力。考虑阻尼力后，得到下列运动方程

$$m\ddot{z} + c\dot{z} + kz = me\omega^2 e^{i\omega t} \tag{5-13}$$

其解为

$$z = Ze^{i(\omega t - \phi)} \tag{5-14}$$

其模为

$$Z = \frac{me\omega^2}{\sqrt{(k - m\omega^2)^2 + (\omega c)^2}} = e\frac{(\omega/\omega_c)^2}{\sqrt{[1 - (\omega/\omega_c)^2]^2 + (2\xi\omega/\omega_c)^2}} \tag{5-15}$$

式中

$$\xi = \frac{c}{2m\xi_c} \tag{5-16}$$

$$\phi = \mathrm{tg}^{-1}\left(\frac{\omega_c}{k - m\omega^2}\right) = \mathrm{tg}^{-1}\frac{2\xi\omega/\omega_c}{1 - (\omega/\omega_c)^2} \tag{5-17}$$

这时放大因子为

$$\beta = \frac{Z}{e} = \frac{(\omega/\omega_c)^2}{\sqrt{[1 - (\omega/\omega_c)^2]^2 + (2\xi\omega/\omega_c)^2}} \tag{5-18}$$

由此可见，当 $\omega = \omega_c$ 时，$\beta = 1/2\xi$，并不像无阻尼时（$c=0$）分析的那样将趋近于无穷大。

这时 β 随 ω 变化的关系如图 5-13 所示。共振时 β 达到峰值，其值随 ξ 增大而减小。当 $\omega \gg \omega_c$ 时，阻尼 c 的大小对振动影响甚微，这时不论有无阻尼，转子的振幅均很接近，即此时全由惯性力控制，称为惯性控制区。其振幅近似地等于偏心距 e。在临界转速附近，振幅基本上取决于阻尼值的大小，称为阻尼控制区。而在 ω 远低于 ω_c 时，振幅大小基本上取决于刚度 k，称为弹性控制区。现在再来看 φ 角，图 5-14 表明 φ 角是位移滞后于 $O_r O_m$ 这一代表离心力矢量的角度，也就是说最大位移出现在离心力转过 φ 角之后的位置上，一般称为

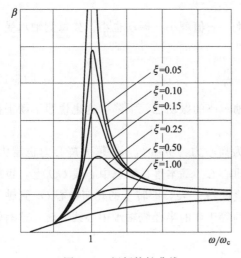

图 5-13　幅频特性曲线

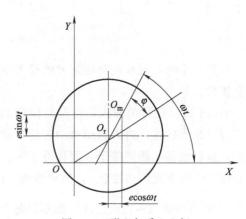

图 5-14　形心与质心坐标

相角。在 ω 远低于 ω_c 时，φ 近于零，位移与离心力基本相同。当 ω 上升时，φ 角增大，位移滞后于离心力的角度增大。在 $\omega=\omega_c$ 时，即 $O_rO_m \perp O_rO_o$，在 ω 远远超过 ω_c 后，φ 趋近于 π，即位移滞后离心力 180°，或称为反相，由此可见，O_rO_m 是随 ω 上升而逐渐与 OO_r 分开，直到 O_m 落到 OO_r 中间，只在无阻尼时才急剧地变化（图 5-15），粗线表示 $c=0$ 的情况，即相角 φ 在 $\omega/\omega_c=1$ 时突变。ζ 较小时，相角也是在 $\omega/\omega_c=1$ 附近才有剧烈变化；当 ζ 较大时，相角变化就有渐近性质，ζ-相角变化规律是确定不平衡量方位的钥匙，也是判断振动是否遇上了临界转速的重要根据之一。

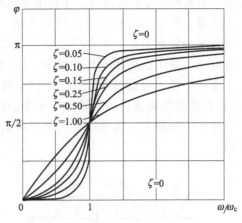

图 5-15　相角与 ξ 的关系图

5.3　转子不平衡故障机理与诊断

5.3.1　不平衡的故障机理

　　转子不平衡是由于转子部件质量偏心或转子部件出现缺损而造成的故障，它是旋转机械最常见的故障。据统计，旋转机械约有一半以上的故障与转子不平衡有关。因此，对不平衡故障的研究与诊断也最有实际意义。

　　如图 5-16 所示，一个薄圆盘转子质量为 M，偏心质量为 m，转子支撑中心为 O，几何中心为 O_r，质量中心为 O_m。此时质心到两轴承联心线的垂直距离不为零，而有一定的偏心距 e。转子在运动时，由于偏心质量 m 和偏心距 e 的存在，会产生离心力或者离心力矩。离心力的大小可表示为 $F=me\omega^2$（ω 为转子旋转的角速度），力作用在两轴承上，也是以角速度 ω 在旋转。变化的力会引起振动，这就是不平衡引起振动的原因。工程上转子的偏心总是存在的，所以不平衡总是存在的。

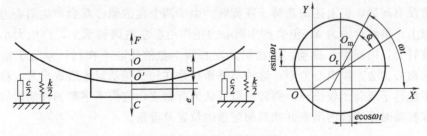

图 5-16　转子力学几何图

5.3.2　不平衡的分类

　　不平衡按发生过程可分为初始不平衡、渐进不平衡和突发不平衡等几种。按机理又可分为静不平衡和动不平衡两种。本章主要从静不平衡与动不平衡的角度进行阐述。

仅转子产生偏心矩的称为静不平衡，这样的不平衡力利用重力即可测出。上述转子如放在水平钢轨上，一定会发生滚动，如图 5-17 所示，静止点必是偏心 e 在最下方的那个角方位。对于这种不平衡的转子，只要在 e 的对面 r 处加上配重 m，就可以使转子平衡。在任一角方位上都能保持静止，转子转动时也不会发生振动。凡是宽度不大于（0.1～0.2）直径的单轮盘或其他转速不太高的刚性转子，原则上都可用这种方法消除振动。为了提高平衡的精度，常常在专门的平衡机上进行平衡试验，目的也只是在于消除偏心距的影响。

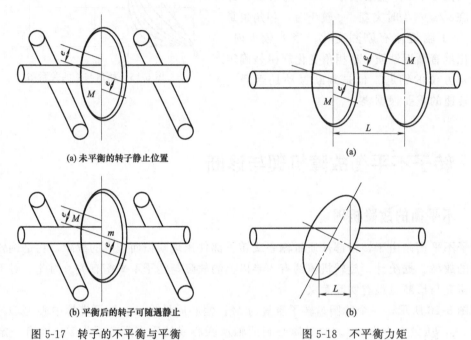

(a) 未平衡的转子静止位置

(b) 平衡后的转子可随遇静止

图 5-17　转子的不平衡与平衡

(a)

(b)

图 5-18　不平衡力矩

动不平衡是转子的质心虽然保持在两轴承中心线上（偏心距 $e=0$），但是在旋转时会产生离心力矩，仍然会造成很大的振动。例如图 5-18(a) 中两个等质量（M）相距 L 的薄圆盘转子，虽然都有偏心 e，但整个转子的重心仍在轴承中心线上。又如图 5-18(b) 为一个没有偏心 e，但盘面与轴不垂直的转子，这两种转子放在水平钢轨上都可随遇平衡。从静平衡角度看平衡没有问题，但上述两盘转子在旋转，由于两个盘的偏心都会产生离心力，离心力不在同一点上，虽然合力为 0，但会产生离心力矩作用在左右两轴承上，产生大小相等、方向相反的旋转力，因而引起振动。斜盘则是左右两半盘的质心不在同一垂直于轴线的平面内，产生的离心力会产生离心力矩，这种不平衡只是在转子转动时才表现出来，称为动不平衡。凡是多盘转子或转子较长时，斜转子可以认为有宽度，它们不平衡的性质常属于动不平衡，只能在转动时才能检测出来并找到加配重的位置及重量。

5.3.3　不平衡的故障特征及诊断

由分析可知，不平衡产生的振动是在不平衡力或不平衡力矩激励下产生的，属于强迫振动，具有如下特点：

ⅰ. 振动信号的原始时间波形为正弦波。

ⅱ. 频谱图中，基频或工频成分占的比例很大，其他倍频成分所占比例相对较小（图 5-19）。

ⅲ. 在升降速过程中，当转速 ω 小于一阶临介转速 ω_{c1} 时，振幅随 ω 上升而上升，两轴承受力的方向基本相同。在 $\omega > \omega_{c1}$ 后，ω 上升，振幅反而减小，并会趋向一个较小的定值（转子产生自动定心现象）。即总的变化情况完全符合放大系数变化的规律，振动不是随转速上升而不断增大。

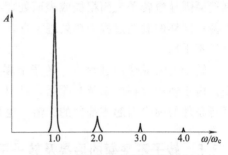

图 5-19　转子的不平衡频谱特征

ⅳ. 振动方向以径向为主。

ⅴ. 振动相位保持一定角度。

ⅵ. 轴心轨迹图近似椭圆，为正进动。

但当要确定是否是不平衡造成的振动过大时，还应与下列一些情况加以区别：

ⅰ. 对刚性转子，要排除是否遇到了转子的临界转速问题，这需要用其他方法来确定转子的固有频率，看是否与工作转速的频率相近。

ⅱ. 工频分量过大时，还要注意是否遇上了基础共振，这时需要用相位分析进一步诊断。基础共振使机组上各点都以同一频率和相位进行，而不平衡造成的振动，则在顺时针方向上各点的振幅有相位差。

ⅲ. 用电涡流式非接触探头时，要注意测点处轴颈加工是否有不同心、椭圆度和表面不均匀这些问题都会造成假振动。判断是否为假振动，可用降低转速的方法来检查，如低速时的振幅仍和高速时相近，就可能是有"假振动"。

5.3.4　转子不平衡的故障原因分析及维修措施

旋转机械产生不平衡的因素很多，例如：

ⅰ. 制造时由于几何尺寸不同心，材料质量不均匀等因素造成质心偏离几何中心；

ⅱ. 安装时由于轴径不同心造成偏心；

ⅲ. 轴由于水平安放过久或受热不均匀，造成暂时性或永久性的变形，导致转子产生偏心；

ⅳ. 离心分离机一类机器在工作时物料充填不均匀而引起偏心；

ⅴ. 工作介质含有液、固杂质或有腐蚀性，对转子造成不均匀的冲蚀或腐蚀，引起偏心；

ⅵ. 工作介质中的固体杂质不均匀地沉积在转子上，导致质心偏离几何中心；

ⅶ. 零件与轴的配合过松，在高转速下转子内孔扩大造成偏心；

ⅷ. 零部件的松动脱落等；

ⅸ. 动平衡方法不对。

引起不平衡的因素有时只有一种，有时几种同时存在，在分析时要详细鉴别。如设计阶段由于结构不合理、材质不合理，易引起转子的初始不平衡；若有材质或结构不合理，再加上输送的介质有腐蚀性或易堆积性，则还会引起转子渐进不平衡；由于设计或结构不合理，当转子在运行过程中会发生零部件的脱落，从而导致转子的突发不平衡。

在制造过程中，制造误差大、材质不均匀、动平衡精度低也易引起转子的初始不平衡；

制造原因导致转子表面粗糙或表面处理不好，在输送介质时易结垢或腐蚀，从而导致渐进不平衡；同样的制造过程中热处理不良，有应力，结构制造有缺陷导致零部件脱落，从而导致突发不平衡。

转子安装或使用过程中，转子上零部件安装错误、零件漏装也易引起转子的初始不平衡；由于使用过程中未及时除垢，易引起转子的渐进不平衡；同样的，安装使用过程中由于运行条件的突变引起零部件的脱落，也会导致转子的突发不平衡。

5.3.5　转子不平衡的后果及转子平衡

转子不平衡是旋转机械最主要的故障之一，在旋转机械的实际运行中，如果不对设备进行健康监测与故障诊断，就不能及时处理问题，就会产生严重的后果。转子不平衡会造成转子的反复弯曲和内应力，从而引起转子疲劳，甚至引起转子断裂；转子不平衡也会使机器在运转过程中产生振动和噪声，从而加速轴承等零件的磨损，降低机器的寿命和效率，转子不平衡引起的振动会通过轴承、机座等传递到基础和建筑物上，从而导致工作环境恶化。所以在实际运行中，一旦发生故障要及时进行处理，避免严重事故的发生。

因此，针对初始不平衡，要正确安装转子上的零部件、消除转子上松动的部件；针对渐变不平衡，要及时对转子进行除垢修复、定期检修、保证介质清洁；针对突发不平衡，要停机检修，更换转子、停机清理流道异物、消除转子上松动的部件。

为了减小不平衡引起的振动，旋转机械在出产时或大修时都应对转子进行平衡。

一个长转子可认为是无限多薄盘组合而成的，其中任何一个薄盘 i 如有偏心 e_i，产生离心力 F_{ci}（图 5-20），则 F_{ci} 可以按静力学原则等效地分解到左右任意两个平面 A、B 上（为叙述方便，设 A、B 面为转子的两个端面），其分量分别为 F_{ciA}、F_{ciB} [$F_{ciA} = F_{ci}(L-L_i)/L$，$F_{ciB} = F_{ci} - F_{ciA}$]。长转子中任何一个有偏心的薄盘产生的离心力均可按上述方法分解到 A、B 面上，然后将 A、B 面上各盘的分量按矢量求和，得到在 A、B 面上的合力 F_{cA}、F_{cB}。这时只要分别在 F_{cA}、F_{cB} 的反方向加上大小相等的平衡力，即可使转子达到平衡。从原理上看，一个长转子总可以在两个平面上加配重，使整个转子达到动平衡（静平衡可以只在一个面上加配重）。

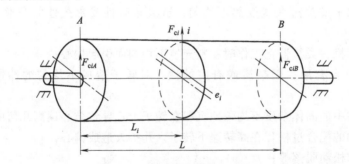

图 5-20　刚性转子动平衡原理

作动平衡用的机床称为动平衡机，欲进行平衡的工作转子两端放在左右两个 V 形（或其他形式）支承轴承上，该轴承支放在轻质摆架上，摆架用两片状薄弹簧悬挂在机床座上，这样的系统在轴向及垂直方向均有相当大的刚度，但水平刚度很小，其自然频率就很低。当工作转子由轴端联轴节或套在轴上的皮带传动时，不平衡力就使摆架作水平振动，其振幅由拾振器测出，并由二次仪表放大、指示。由前面提到的转子幅频、相频特性图可知，在工件转子转速超过摆架系统自然频率很多时，振幅与不平衡造成的偏心成正比，而不平衡力与摆架最大振幅间的相位约为 180°。因此，动平衡机床的仪表用来指示振幅大小及所在方位。

上述动平衡原理及机床仅适用于转子在转动时不发生变形（动挠度）的情况，即刚性转子的情况，称为低速动平衡。这种原理对部分转子，如一般的电动机、鼓风机、低压水泵转子等都是适用的。但现代工业出现了一大批工作在一阶甚至二阶临界转速以上的高速转子。这种转子如只做低速动平衡，则低速时轴承上不受力，但轴上仍然受着不平衡力产生的弯矩。转速升高时，弯矩随之增大，使轴发生变形而破坏原有平衡。对这种转子，必须按柔性转子动平衡方法进行，照顾到各阶振型下的平衡，使其在运转的各个转速下均能稳定地运行。

现场动平衡是指旋转机械在现场工作状态或接近现场工作状态下，对其进行振动测量分析和平衡校正的一种平衡方法。它与将转子拆下放到动平衡机上进行动平衡的方式相比，有工作量小、速度快、平衡精度高等优点。进行现场动平衡的常用设备有动平衡仪、幅值-相位分析仪等。在没有动平衡分析仪的情况下，也可用测振仪进行。

现场动平衡的方法主要是影响系数法。其基本思想是：转子-轴承振动系统是一线性系统，轴承处的振动响应是各平衡面不平衡量引起的振动响应的线性叠加。而各平衡面的单位不平衡量在各轴承处引起的振动响应，即为其相应的影响系数。现场动平衡的具体做法为：通过对转子平衡面试加平衡量，测量试加平衡量前后的轴承振动响应，确定各影响系数，从而求得应加平衡量。

压缩机之类的转子，在高速动平衡试验台上进行平衡，也有的是将转子叶轮单个平衡好，然后成对地装在轴上。每装一对叶轮，转子进行一次低速动平衡，直至将叶轮全部装好。这样做可避免由于不平衡力引起的弯矩，平衡好的轴在运转后如发现不平衡振动值较高，只能进行高速动平衡，或是将叶轮全部卸下，重新对转子进行逐对平衡组装，若只进行一般的低速动平衡，高速时可能会造成很大的振动。

5.3.6　案例分析

【案例一】E-GB109 离心风机机组健康监测与故障诊断

(1) 设备信息

某乙烯厂的 E-GB109 风机为单吸离心式，叶轮涡轮式，径向轴承为 NU324C3 滚柱轴承，推力轴承为 6324C3 滚珠轴承，轴承采用油脂润滑。该风机用电动机驱动，电机功率为 175kW。转速为 980r/min，风机和电机之间用齿轮联轴器连接。该机组已投入运行 10 余年。该风机具有大型、高速、连续工作的特点，故障停车会造成整个生产流程的停滞，给企业造成巨大的经济损失。因此，需对机组进行健康监测与故障诊断。

(2) 振动监测

在振动监测之前首先了解"病史"，了解到机组初始时支承有微小振动，以后逐渐增大，如今风机平台上可感到剧烈振动。首先，根据机组的运行情况布置测点，选用合适的监测设备。旋转机械的基本负荷和转轴上的离心力都是通过轴承传递的，转轴上零件的故障信息都是传递到轴承上，因此选取风机和电机两端轴承为振动测试点；机器底座的垂直和水平振动分量，也能反映出机器中不希望的动力学条件，如过大的不平衡等；在选取测点时还应考虑到传感器安装是否方便，根据以上几点机组的振动测点布置如图 5-21。

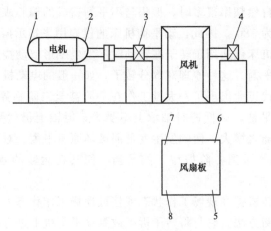

图 5-21　测点布置图

（3）故障分析

按照图 5-21 布置测点并对机组进行振动测试，得到的测试数据见表 5-2。根据表 5-2 的测试数据和标准 ISO 2372，可以看出机组上多个支点的振动均有不同程度的超标，其中 1～3 点的垂直振动、4 点的水平振动超标最多，风扇板上 5～8 点的水平及垂直方向振动也明显超标。因此可以诊断该机组运行不健康，振动不合格，需进一步诊断原因。

表 5-2　振动测试数据表　　　　　　　　　　　　　　　　　　　　mm/s

测试点	A	H	V
1	2.6856	16.3876	17.6831
2	2.8864	15.4560	21.2118
3	4.2578	7.1001	15.5308
4	7.4728	17.6015	7.3668
5	2.4239	13.2732	10.3221
6	3.4172	13.0764	9.9307
7	2.9360	9.2952	17.8991
8	1.9966	10.2626	9.4752

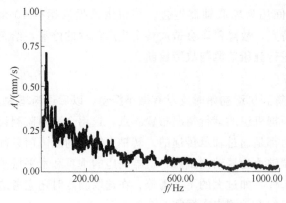

图 5-22　测点 3 水平径向测试频谱图

测试的所有点径向振动均超过标准值，而轴向振动较小，另根据图 5-22 可以看出，响应频谱中有很大的工频即基频分量，为 6.33Hz，说明振动能量集中在工频也就是基频或旋转频率上，根据这些特征可诊断转子不平衡或是其振动过大的主要原因。

转子不平衡有设计和结构等方面的原因，风机转子中心惯性主轴偏离其旋转轴线，引起转子不平衡，不平衡的转子在旋转时将产生离心力，该离心力是一矢量，其量值正比于偏心距、偏心质量和转动角速度的平方，其方向随着转子的运转而变化，即使是在较小偏心距情况下的微小偏心质量，当轴的转速较高时，其产生的离心力也将对支撑轴承构成显著的动压力作用，引起轴承的受迫振动。转子的不平衡产生的振动频率与转轴的旋转频率相同，因此其振动能量应集中在工频即基频上。

（4）故障处理和结果

经健康监测与故障诊断后，对该乙烯厂风机进行检修。打开机器检修发现有以下问题并采取了相应的措施：

ⅰ.机器做动平衡，发现不平衡量达 0.5kg，原因是叶轮表面腐蚀。措施是现场做动平衡。

ⅱ.电机及风机轴承已明显损坏，需调换新的轴承。

E-GB109 机组经校动平衡、调换轴承后，机组的振动已明显减小，再次对机组进行测试，改进前后的对比数据如表 5-3。从表 5-3 的对比数据可以看出：机组经改造后，其振动全部符合标准，即振动烈度小于 ISO 2372 中规定的可长期运行的 $V_{max} = 4.5$mm/s，从测试数据中可以知道振动减小的最大幅度达 94％，机组运行工况已明显改善。

表 5-3　改进前后振动测试数据对比表

测试点	A/(mm/s)			H/(mm/s)			V/(mm/s)		
	修整前	修整后	降低百分比/%	修整前	修整后	降低百分比/%	修整前	修整后	降低百分比/%
1	2.6856	2.4615	8.34	16.3876	2.42744	85.19	17.6831	1.5213	91.40
2	2.8864	2.0289	29.71	15.4560	2.7369	82.29	21.2118	2.6424	87.54
3	4.2578	1.5217	64.26	7.1001	2.2417	68.43	15.5308	3.7982	75.54
4	7.4728	2.3597	68.42	17.6015	2.1966	87.52	7.3668	2.5437	65.47
5	2.4239	0.4299	82.26	13.2732	0.8625	93.50	10.3221	3.1156	69.82
6	3.4172	0.5613	83.57	13.0764	1.0159	92.23	9.9307	3.4973	64.78
7	2.9360	0.4658	84.13	9.2952	1.1316	87.83	17.8991	4.3486	75.70
8	1.9966	0.5020	74.86	10.2626	1.1122	89.16	9.4752	3.0361	67.96

【案例二】焦化装置富气压缩机三种不同原因造成的不平衡故障

某厂焦化装置富气压缩机由透平驱动，该机组安装了在线健康监测系统。运行一段时间后，振动值上升，特别是二月以后，机组振动值明显增长，健康监测系统经常发生报警现象。由于该机为单机运行，运行是否平稳将直接影响整个焦化装置的生产过程。为弄清机组强振原因，对该机进行了多次健康监测和分析，振动特征如下：

ⅰ.时域波形近似为正弦波形。从频谱图上看，振动能量主要集中在转子工频上；轴心轨迹较圆，且重复性较好，如图 5-23～图 5-25 所示。

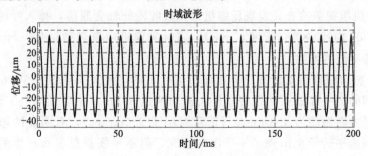

图 5-23　富气压缩机振动时域波形

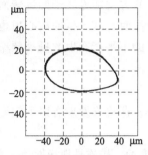

图 5-24　富气压缩机振动轴心轨迹

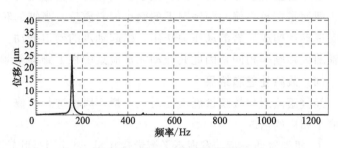

图 5-25　富气压缩机振动频谱

ⅱ.振动值随转速的升高明显上升；

ⅲ.振动值随运行时间缓慢增长。

根据不平衡故障的振动特征，分析认为机组存在较为严重的转子不平衡，其原因为转子存在结垢现象，建议停机检修。三月中旬，该机停机检修，揭盖后发现转子上发生了较为严重的结焦现象，严重影响了转子的平衡状况，并导致轴颈磨损。检修后重新开机，机组振动有明显下降（从 50μm 以上降至 30μm）。

该机组正常运行至 7 月 29 日，因雷雨引起停电造成停机，后重新开机时，Bently 振动仪表显示振动值满量程，机组转速为 4400r/min 时（额定转速为 11000r/min），测振仪测得振动值为 360μm；机组转速为 3000r/min 时机壳上测点 4H 向的最大速度为 8.7mm/s（正常时只有 1.0mm/s 左右）；且机组运行时振动随转速增加而增加，压缩机内侧测点的振动随转速变化情况见表 5-4。

表 5-4　压缩机内侧测点振动随转速变化情况

转速/(r/min)	2000	2500	3400	4400
振动值/μm	30	70~90	120	360

从频谱图上看，机组振动能量主要集中在工频上，随着转速升高，振动幅值也增大，主要表现为工频增大。技术人员怀疑压缩机内又存在结焦现象，采用蒸汽吹扫后重新开机，振动依然超标。

由于机组运行一直正常，强振是在停电造成停机后再次启动时出现的，分析认为机组发生了严重的突发性质量不平衡，且结焦不应是主要矛盾，因为结焦使转子产生动不平衡应是渐进的，机组振动值从逐渐增大发展至严重超标应有一段过程。从当时的情况来分析，振动值如此之大，机组转子上肯定有部件脱落或有异物卡附，必须立即停机检修。

8 月 1 日，机组揭盖检查，发现压缩机第三级叶轮处轴套脱落，掉入叶轮中，其尺寸为 ϕ206（外径）/ϕ168（内径）×48（长度）（mm），同时发现机内有轻微结焦，与诊断结论相符，避免了严重设备事故的发生。

8 月 3 日，机组检修后重新开机，压缩机运行正常，最大振动值为 30μm，但原来振动值处于良好范围的透平部分振动报警，最大振动值达 55μm，振动频谱上工频占绝对优势；机组壳体上水平方向振动为 4.8mm/s（正常时小于 2.0mm/s），有明显的增大。综合其他情况分析，怀疑透平转子也出现了不平衡的情况，但不平衡量是怎么产生的，一时还难以判明。

机组运行至 8 月 13 日上午 10 时，因工艺要求提高富气压缩机的出口压力，透平转速由 9800r/min 升至 11000r/min，此时透平振动达 $75\mu m$，达二级报警，富气压缩机被迫放空。透平振动随转速增加而增加，振动频谱上主要谱峰为工频，同时存在 2 倍频和其他高次谐波。分析确认透平转子不平衡是强振的主要原因。8 月 13 日晚停机揭盖检修，发现部分对轮螺栓有明显被挫过的痕迹，未按要求进行装配，这是造成转子动不平衡的原因之一。对透平转子进行高速动平衡校验，初始不平衡量为 50g·cm，振动速度 4mm/s，加配重平衡后为 1mm/s，并严格按要求装配对轮螺栓。9 月 14 日整机投运，机组振动值均在良好范围之内。

同一台机组，在半年左右的时间内先后出现三次转子失衡故障，具体原因却各不相同，因此，在对机组进行在线健康监测的基础上，需对对象和现场情况全面了解，才能准确诊断出设备不健康的具体原因。

5.4　不对中故障机理与诊断

旋转机器一般是多转子-轴承系统，转子与转子之间需要用联轴器连接，转子本身由轴承支撑，传递运动和转矩。由于机器的安装误差、工作状态下的热膨胀、承载后的变形以及机器基础的不均匀沉降等，有可能会造成机器工作时各转子轴线之间不对中。具有不对中故障的转子系统在其运转过程中将产生一系列有害于设备的动态效应，如引起机器联轴器偏转、轴承早期损坏、油膜失稳、轴弯曲变形等，导致机器发生异常振动，危害极大。

5.4.1　不对中的分类

转子不对中包括轴颈与轴承的不对中和轴系之间的不对中两种情况。通常说的不对中多指轴系不对中。机组各转子之间用联轴器连接时，如不处在同一直线上，就称为轴系不对中。不对中是极普遍的故障，不管是自动调位轴承还是可调节联轴器，均难以使轴系及其轴承完全对中。当对中误差过大时，会对设备造成一系列有害的影响，如联轴器咬死、轴承碰摩、油膜失稳、轴挠曲变形增大等，严重时将造成灾难性事故。

轴系不对中通常有三种情况：

ⅰ.轴线平行位移，称为平行不对中，如图 5-26(a) 所示。

ⅱ.轴线交叉成一角度，称为角度不对中，如图 5-26(b) 所示。

ⅲ.轴线位移且交叉，称为综合不对中，如图 5-26(c) 所示。

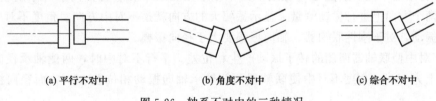

(a) 平行不对中　　　　　(b) 角度不对中　　　　　(c) 综合不对中

图 5-26　轴系不对中的三种情况

5.4.2　不对中的故障机理

引起转子轴系不对中的因素有初始安装误差、支承轴架的不均匀膨胀、管道力作用、管道应变影响、温度热变形、转子自重或负载作用使转子弯曲、地基的不均匀下沉以及地震影响所产生的基础变形等。尤其是支承轴架的热膨胀作用，常会使热态工作下的转子对中发生问题。例如用蒸汽涡轮机带动离心压缩机，两者转子中心线在热态工作时均有不同程度的升高，如果在冷态对中时没有正确估计到转子中心线的升高量，运转时将会出现涡轮机转子与压缩机转子间的对中不良。又如一些柔性较好的高速转子，在其自然状态下有一定静挠度，如果多个转子对中时不按其自然悬链线连接，则联轴器的两个法兰面就不能保持平行，旋转时会出现角度不对中问题。大型高速旋转机械常用齿式联轴器，中小设备多用固定式刚性联轴器。不同类型联轴器及不同对中情况的振动特征不尽相同，因此需分别加以说明。

齿式联轴器由两个具有外齿环的半联轴器和具有内齿环的中间齿套组成。半联轴器分别与主动轴和被动轴连接。这种联轴器允许转轴间有综合位移，具有适当的对中调解能力，为一般大型旋转设备所采用。在对中状态良好的情况下，内外齿之间只有传递转矩的周向力。当轴系对中超差时，齿式联轴器内外齿面的接触情况发生变化，从而使中间齿套发生相对倾斜，在传递运动和转矩时，将会产生附加的径向力和轴向力，引发相应的振动，这就是不对中故障振动的原因。

刚性联轴器连接的转子对中不良时，强制连接将使转子发生弯曲变形。对平行不对中而言，转子每转动一周，径向弹性力改变四次方向，即振动两次，所以平行不对中会产生两倍频径向振动。对角度不对中而言，转子每转动一周，弯曲力矩改变一次方向，因此，角度不对中将引起轴向同频振动。用刚性联轴器连接的转子，不对中时转子往往既有轴线平行位移，又有角度位移，转子所受的力既有径向交变力又有轴向交变力。

5.4.3 不对中的故障特征及诊断

针对轴系不对中来说，无论是平行不对中还是角度不对中，或是综合不对中，都会引起转子振动，其主要故障特征表现在以下方面：

ⅰ.由于不对中，联轴器两侧轴承的支承负荷将有较大变化，改变了轴承中的油膜压力，负荷减小的轴承在某些情况下可引起油膜失稳。因此，不对中所出现的最大振动往往表现在紧靠联轴器两端的轴承上。

ⅱ.不对中所引起的振动幅值与转子的负荷有关，它随负荷的增大而增大。紧靠刚性联轴器两侧的轴承平行不对中时，随着负荷的增加，轴承上振幅有增大的趋势。位置低的轴承振幅比位置高的轴承大，这是因为低位置轴承被高位置轴承架空油膜，稳定性下降。

ⅲ.平行不对中主要引起径向振动，如果轴承架在水平和垂直方向上的刚度基本相等，则在轴承两个方向上进行振动测量，显示振幅大的方向就是不对中方向。角度不对中时主要引起轴向振动，对于刚性联轴器，轴向振幅要大于径向振幅。

ⅳ.不对中使联轴器两侧的转子振动产生相位差。平行不对中时，两侧轴承径向振动相位差基本上为180°；角度不对中使联轴器两侧轴承轴向振动相位差180°，而径向振动是同相位的。

ⅴ.在振动频率分析上，不同类型的机组和不同形式的不对中情况引起的振动频率是不相同的。对于刚性联轴器，平行不对中易激起两倍于转速频率的振动，同时也存在同频振动成分。角度不对中易激起同频轴向振动。对于挠性联轴器，按其结构型式、安装和负荷状态的不同，所表现的振动方向和频率也是不相同的。

不同情况下的不对中，所呈现出的故障特征也不尽相同，不对中振动信号原始时间波形为畸变的正弦波；平行不对中径向振动频谱图中以 1 倍频、2 倍频分量为主，不对中越严重，二倍分量所占比例越大；角度不对中是 1 倍频幅值较大的轴向振动；综合不对中的振动有径向的 2 倍频振动和轴向的 1 倍频振动；联轴器两侧的振动基本上是 180°反向；典型的轴心轨迹为香蕉形，正进动；振动对负荷的变化较敏感，振幅随负荷增加而增加，随流量变化、压力变化不明显；联轴器两侧轴承振动较大。环境温度变化对振动有影响，可利用此影响来进一步判断是否有不对中故障。

5.4.4　转子不对中故障原因与维修措施

转子不对中故障原因有设计原因、制造原因、安装维修原因、操作运行、状态劣化等。引起转子不对中的设计原因有对工作状态下热膨胀量计算不准，介质压力、真空度变化对机壳的影响计算不准，给出的冷态对中数据不准等；制造原因有材料不均，造成热膨胀不均匀；安装维修原因有冷态对中数据不符合要求、检修失误造成热膨胀受阻、机壳保温不良、热膨胀不均等；操作运行原因有超负荷运行、介质温度偏离设计值等；还有其他一些原因，如机组基础或基座沉降不均匀、基础滑板锈蚀、热胀受阻、机壳变形。

维修转子不对中的措施有核对设计给出的冷态对中数据、按要求检查调整轴承对中、检查热态膨胀是否受限、检查保温是否完好、检查调整基础沉降等。

5.4.5　案例分析

【案例】原油输送泵健康监测与故障诊断

(1) 设备信息

某石化股份有限公司 3♯常减压装置 P300A/B/C 原油输送泵，采用三台离心泵，装置共有三台机泵。经监测该设置振动超标，进一步发展将影响系统的安全生产。所以需要对机组进行健康监测与故障诊断，提出修复措施，使该机组能安全运行。

(2) 振动监测

由于 P300A 原油输送泵为停机状态，所以只对 P300B 和 P300C 机组进行了测试。选用美国 CSI 公司的 190 振动分析仪对离心泵的振动情况进行现场测试，传感器为压电式加速度传感器。布置了 12 个测点（图 5-27），每个测点上测试三个方向，A 向为电机轴向，H 向为水平径向，V 向为垂直径向。

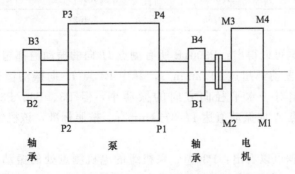

图 5-27　常减压装置 P300C 原油输送泵测点布置图

(3) 故障分析

按照图 5-27 对 P3001B/C 原油输送泵进行了振动测试，测试结果如表 5-5 和 5-6 所示。

表 5-5　P3001B 各测点的振动测试数据（通频值）　　　　　mm/s

测点	A	H	V
M1	0.7438	6.5178	0.7985
M2	0.3334	6.7265	1.2898
M3	0.4912	6.5932	0.9071
M4	0.2713	7.1915	1.0367
B1	4.1877	22.6435	8.0642
B2	3.9447	14.8014	9.3829
B3	6.3200	13.9655	9.9637
B4	8.9364	22.6966	8.8618
P1	4.1801	19.9344	4.7947
P2	3.2124	16.4737	5.5953
P3	11.3711	17.0158	7.4774
P4	8.9993	19.6707	8.7005

表 5-6　P3001C 各测点的振动测试数据（通频值）　　　　　mm/s

测点	A	H	V
M1	0.2288	2.4307	1.0445
M2	0.3301	3.3804	1.4885
M3	0.3721	2.8999	0.3993
M4	0.3306	2.4385	0.5431
B1	6.5973	4.7637	3.7875
B2	3.6490	5.9397	6.2478
B3	6.8963	5.9354	3.9261
B4	3.0074	3.6065	5.6900
P1	6.8990	3.7766	4.9933
P2	3.2514	3.0175	4.8328
P3	11.3003	3.3545	4.7148
P4	4.8765	3.4527	7.5394

　　根据表 5-5 的数据可以得出：P3001B 所有测点 H 向的振动值都超过 4.5mm/s，所有轴承和泵的水平方向的振动都超过 11.2mm/s，其中 B4 点 H 向振动值达 22.6966mm/s；电机轴向方向的振动相对于水平径向方向的振动小，但 B3、B4、P3、P4 向的振动超过 4.5mm/s，其中 P3 点 A 向振动值达 11.3711mm/s。按照标准，该机组运行状态为不合格，应立即停机检修。

　　根据表 5-6 的数据可以看出：P3001C 泵机组的电机测点处的振动都符合标准。轴承处的所有 B1 点 A 向、B1 点 H 向、B2 点 H 向、B2 点 V 向、B3 点 A 向、B3 点 H 向、B4 点 V 向的振动都超过 4.5mm/s，但都不超过 11.2mm/s。泵处的振动超过 4.5mm/s 的有 P1

点 A 向、P1 点 V 向、P2 点 V 向、P3 点 A 向、P3 点 V 点、P4 点 V 向，其中 P3 点 A 向的振动值超过 11.2mm/s。按照振动标准，该机组运行状态为不合格，也应立即停机检修。

为找出振动的原因，对各测点的振动进行进一步分析，分析各测点振动的频率组成，详见表 5-7。根据振动数据及双吸泵的结构特点，分析振动超标的主要原因如下：

表 5-7　振动值大于 4.5mm/s 测点的振动频率组成

测点	方向	振动通频值/(mm/s)	组成频率/Hz	对应的振幅/(mm/s)	频率特征(倍频)	旋转转速/(r/min)
B1	A	6.5973	49.6823	6.3243	1×	2981
	H	4.7637	49.6897	4.0706	1×	2981
B2	H	5.9397	198.6232	4.0591	4×	2981
			99.3068	2.8855	2×	
			49.6766	2.4853	1×	
	V	6.2478	198.6846	5.3192	4×	2981
			49.6799	1.9809	1×	
B3	A	6.8963	49.6747	6.6825	1×	2980
	H	5.9354	198.5871	3.8713	4×	2979
			49.6540	3.3662	1×	
			99.2485	2.2172	2×	
B4	V	5.6900	198.5005	4.3104	4×	2977
			148.6966	2.3031	3×	
P1	H	6.8990	49.6897	6.4780	1×	2981
			99.3362	1.1320	3×	
	V	4.9933	198.7622	3.5773	4×	2983
			49.7111	3.2885	1×	
P2	V	4.8328	198.6906	4.6378	4×	2980
P3	A	11.3003	49.6969	7.1442	1×	2982
			99.3505	2.1862	2×	
	V	4.7148	198.6727	4.5644	4×	2980
P4	A	4.8765	49.6588	3.4069	1×	2980
			99.2934	2.2680	2×	
	V	7.5394	198.6390	7.0905	4×	2981
			49.6783	2.3770	1×	

ⅰ.电机处的振动均符合标准。

ⅱ.轴承处轴向振动主要是 1 倍频的振动，可能是角度不对中，B2 点 H 向和 B3 点 H 向出现多个倍频成分，说明泵一端的轴承有磨损松动现象，轴承垂直 V 向出现 4 倍频的振动，与泵的 V 向 4 倍频的振动相吻合，可能是叶片的通过频率。

ⅲ.泵的 4 个测点的 V 向都出现了 4 倍频的振动，其他点也有 1 倍频的振动，4 倍频的振动可能是叶片的通过频率。P3 点和 P4 点出现轴向振动，且以 1 倍频和 2 倍频占主导，可能是角度不对中。P1 点出现 1 倍频水平方向的振动，可能有不平衡和弯曲现象。

ⅳ.叶片通过频率的振动过大与双吸泵隔舌处过大的压力脉动有关。

（4）故障处理和结果分析

根据原油泵的现场检测和振动信号分析，对原油泵实施以下检修和改造措施：

ⅰ.检查泵转子的结垢、磨损情况，对离心泵转子进行现场动平衡。

ⅱ.检查轴的弯曲情况。

ⅲ.检查联轴器的对中状态，主要考虑是偏角不对中，引起的原因是泵的支撑在轴线方向上存在高度差。

ⅳ.更换轴承。

ⅴ.对泵基础进行改造，目的是增加垂直和水平方向上的刚度，改造后要保证电机和泵的中心高度一致，泵的 4 个支撑点水平高度一致。

经处理后，泵机组开机，依旧按照图 5-27 测点布置，对机组进行振动监测，所有测点所有方向的振动值都小于标准规定的振动良好状态的 4.5mm/s。

5.5　弯曲故障机理与诊断

旋转机械的工作离不开轴的能量传递，在机器运转时，轴也在高速地转动，所以，轴的任何故障都会引起振动，严重时会发生断裂，后果十分严重。轴弯曲也是旋转机械经常发生的故障之一，弯曲故障的机理及诊断显得十分必要，这也是旋转机械安全高效运行的重要保障。

5.5.1　弯曲的分类

设备停用一段较长时间后重新开机时，常常会遇到振动过大甚至无法开机的情况。这多半是设备停用后产生了转子弯曲的故障。转子弯曲有永久性弯曲和暂时性弯曲两种情况。永久性弯曲是指转子轴呈弓形后不能恢复的弯曲变形；临时性弯曲指转子轴发生弯曲后可恢复的弯曲变形。

5.5.2　弯曲的故障机理

轴弯曲振动的机理和转子质量偏心类似，都是产生与质量偏心类似的旋转矢量激振力，与质心偏离不同的是轴弯曲会使轴两端产生锥形运动，因而在轴向还会产生较大的工频振动。除此以外，转轴弯曲时，由于弯曲产生的弹力和转子不平衡所产生的离心力相位不同，两者之间相互作用会有所抵消，在某个速度上，转轴的振幅将会有所下降，使转子动力特性产生一个"凹谷"，与不平衡转子动力特性有所不同。当弯曲的作用小于不平衡作用时，振幅的减少发生在临界转速以下；当弯曲作用大于不平衡作用时，振幅的减少就发生在临界转速以上。

5.5.3　弯曲的故障特征及诊断

转子弯曲时的振动时域波形为正弦波，特征频率为 1 倍频，常伴频率为 2 倍频和高次谐波。永久性弯曲的振动是稳定的，启动时振动值就高；而临时性弯曲振动也是稳定的，但升速过程有一凹谷，振动方向均为径向。永久性弯曲的振动相位是稳定的；而临时性弯曲的转子正常运行是不稳定的，开机过程中有变化。轴心轨迹均为椭圆正进动。振动随转速变化明显，随油温、介质温度、压力、流量、负荷等的变化不明显。永久性弯曲机器开始升速时，在低速阶段振动幅值就比较高，刚性转子两端相位差 180°。

5.5.4　转子弯曲的故障原因与维修措施

造成转子弯曲的设计原因主要有设计的结构不合理。引起转子弯曲的制造原因有材质不均匀、制造误差大。引起转子弯曲的安装维修原因有升速过快，加载过快、暖机不足、停后未及时盘车等；引起转子永久性弯曲的安装维修原因有子长期存放不当、发生永久变形，未按规程检修、有较大负荷；引起转子临时性弯曲的安装维修原因有转子有较大预负荷、局部碰磨导致热弯曲。引起转子弯曲的其他原因还有转子热稳定性差，长期运行后自然弯曲等。

为防止转子弯曲，要定期盘转转子一定角度、校正转子、按技术要求进行动平衡、重新开机、延长暖机时间、按规定升速、加载方式运行等。

5.6　偏心故障机理与诊断

5.6.1　偏心的故障机理与分类

偏心是指定子与转子之间不同心的一种故障，和质量偏心概念不同，但症状则极为相似。电动机转子、风机转子、泵叶轮、汽轮机转子、压缩机转子和其他转子对定子的偏心都会产生类似于不平衡的工频振动（对电机而言，振动频率还与磁极对数有关）。

偏心可分为电动机转子偏心和风机、压缩机、泵类转子的偏心等。电动机转子偏心振动的激励源为定、转子之间的磁拉力；风机、泵类、压缩机转子的偏心振动是由不相等的气动力或者液压力作用于转子所致。由偏心造成的激振力与负荷有关，与转速没有直接的联系，因此，对偏心故障的诊断，一般需改变负荷情况，进行对比测试才可肯定。根据现场条件，也可通过其他手段对偏心类故障进行诊断。

凡由于不均匀电磁力引起的振动，当切断电源时，电磁激振力随即消失，转子振动应发生明显的变化，否则不是由电磁力引起的。有两种情况造成磁场气隙偏心，一是静气隙偏心，可能原因是定子内孔椭圆或轴承座装配同心度不佳，使定转子相对位置偏心。另一种是动气隙偏心，原因是轴弯曲、转子轴心与转子表面不同心或轴承磨损等。

对于风机、压缩机、泵类转子的偏心，周向能量转换或功率分布会有所不同，对参数比较高的大型机组，将使机壳温度场产生相应的变化，可通过热像仪检测做出辅助诊断。

5.6.2　偏心的故障特征

偏心故障的振动特征与不平衡故障引起的振动特征很类似，如皮带轮偏心，最大的振动常出现在皮带拉伸方向，振动频率为偏心皮带轮的基频，目前经常用动平衡方法来修正。而齿轮偏心，最大的振动将出现在两个齿轮中心连线方向，振动频率是偏心齿轮的转速频率。其振动特征信号类似于这个齿轮不平衡时的信号，但是它不是不平衡。如果齿轮的偏心距明显，当齿轮的齿与匹配的齿一起被迫进入和退出啮合时，将在齿轮的齿上产生非常高的动态载荷。

可对具有较大基频振动的齿轮进行相位分析，以确定是不平衡还是偏心引起的振动。偏心的齿轮不仅促使产生大的基频振动而且还产生高幅值的齿轮啮合频率及谐波，在啮合频率两侧伴有高于正常幅值的边带频率，边带频率为偏心齿轮的1倍频率。有时，这些边带频率为偏心的齿轮的2倍转速频率。这些边带将调制齿轮啮合频率本身的幅值。

5.6.3 案例分析

【案例】热膨胀造成的偏心故障的诊断

某厂烟机机组当不进烟气时，振动为20μm左右，烟气蝶阀开度为100°时（烟气温度640℃），振动达75～83μm，调整烟机功率（电机做功由1900kW升至2400kW），振动变化不大。

机组配置及测点示意图如图5-28所示。图5-29、图5-30分别为测点9涡流探头振动信号的频谱和测点10轴承座上水平方向加速度探头输出信号（已转化成速度）的频谱。由图可见，烟机振动以转子工频105Hz占绝对优势，但由于烟机转子检修时曾进行过高速动平衡校验，因此主导故障的性质不应是转子不平衡。表5-8所示是机组壳体上测得的振动值，其中 A 为轴向，H 为水平径向，V 为垂直径向。

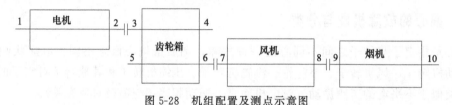

图 5-28　机组配置及测点示意图

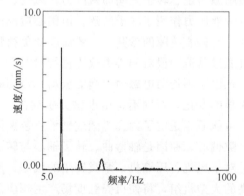

图 5-29　测点9涡流探头振动信号　　图 5-30　测点10加速度探头振动

表 5-8　机组壳体上的振动数据　　　　　　　　mm/s

测点	1	2	4	6	7	8	9	10
H	1.4	2.3	1.1	1.3	2.7(0.9)	1.3(0.9)	8.1(2.2)	6.8(1.4)
V	2.2	0.7	1.1	1.2	0.8(0.4)	1.1(1.1)	1.2(0.8)	2.6(1.6)
A	2.3	/	2.6	2.0	0.5(0.7)	0.7(0.8)	2.8(0.8)	—

注：表中括号内的数据是以前正常运行时的振动值。

由表可见，烟机振动值比正常运行时增长4倍左右，且振动主要表现为水平方向，垂直方向振动相对较小，水平方向振动值与垂直方向振动值的比例明显增大，说明测点 9 处存在较大的偏心问题。

表 5-9 所示是壳体温度测量值。壳体支腿，特别是后支腿内、外侧存在较大的温差（大于 40℃）。

表 5-9　壳体温度测量值　　　　　　　　　　　　　　　　　　　　℃

测点	9	10	壳体支腿(后)	壳体支腿(前)
外侧	50	44	128(116～140)	43
内侧	52	51	86	53

表 5-10 是烟机振动与烟气蝶阀开度等工艺量之间的关系。可见烟机振动与蝶阀开度和轮盘温度存在非常明显的相关关系。当蝶阀不开、轮盘温度较低时，烟机振动很小，蝶阀打开后，轮盘温度上升。烟机振动显著上升。调整烟机负荷后，对振动影响不大。

表 5-10　烟机振动与有关工艺参数的关系

时间	蝶阀开度	烟入温度/℃	轮盘温度/℃	电机功率/kW	烟机振动/μm			
					9 内	9 外	10 内	10 外
8:40	0.5°	503.5	171.2	/	/	/	/	/
9:00	0.4°	569.9	187.1	/	18	11	18	13
10:00	15.2°	636	305.4	/	21	33	75	47
11:00	17.8°	646.4	322.6	/	27	37	70	47
13:00	17.8°	650	325.7	/	30	35	70	47
17:00	34.5°	649.2	311.7	2600	35	27	80	50
以上各数据为 1 月 8 日试车时数据,下行数据为 1 月 21 日数据								
9:00	52.9	665.2	310.1	1800	32	23	83	50

由此可见，烟机振动与其所处的热状态有很大关系，根据内、外侧支腿温差较大及水平方向振动值远远大于垂直方向振动值分析，认为在热态下，烟机机壳存在热变形，转子与壳体存在不同心故障，且振动值已严重超标，机组不宜在此状态下长期运行。

停机时，打表测量了壳体冷、热态下的膨胀情况，结果表明：烟机机壳在水平方向上移位 300μm，造成转子与壳体严重不同心。检修时清理了猫爪的滑动面，开机后振动值明显降低。

5.7　松动故障的机理与诊断

松动是一种常见的机械故障，往往是由安装质量不高及长期振动所引起的。在系统基础、支承模块、内部部件及壳体等任何有连接的部位，都可能发生松动。松动故障的存在严重影响着机械系统的正常运行，甚至会导致安全事故的发生。然而，松动故障征兆通常又与不平衡、不对中等故障类似，易造成故障误判，对于耦合故障就更加难以诊断。因此，有必要对松动故障类型、松动机理、故障特征以及早期诊断进行研究。

5.7.1 松动故障分类

根据故障发生位置的不同，机械松动可分为三类：基础松动、支座松动及部件间配合松动。其中基础松动主要包括机床安装地基刚性差、地脚螺栓松动、垫铁松动以及灌浆恶化或破碎等。其故障征兆主要表现为振动方向性比较固定，振动频谱中以工作频率占主导。此类故障在工程现场经常发生，如浙江某电厂发电机组的风机轴承座螺栓选用不规范，且二次灌浆混凝土标号未达设计要求，结构松散，运行一段时间后地脚螺栓松动，导致轴承内圈与大轴胶合。又如某煤矿用轮斗系统的回转减速机地脚螺栓紧力不足，又承受反复的大作用力冲击，导致螺栓松动，挤压螺孔，形成基孔变形，变成椭圆的基孔更不易固定，使故障恶性循环。这些松动现象都能在现场明显地观察到，其破坏力一般比较大，严重时会加重设备的不平衡或不对中。处理措施：巩固基础、矫正结构、紧固松动螺栓等。对于已经存在不平衡或不对中的设备，还要同时调整不平衡或不对中。

支座松动包括支撑脚不等长引起的晃动、结构或轴承座裂纹、轴承座或支撑座固定螺栓未充分预紧或松动等，经常发生在长期承受扭矩的机械支承结构处。其故障征兆主要表现为振动相位不稳定，2倍工作转频的振动幅值大于1倍工作转频振动幅值的50%。如用于卸煤的某型翻车机，其传动齿轮工作载荷大，且长期受交变翻转力矩作用，使得其轴承座螺栓预紧力减小，连接失效，导致松动。导弹支撑座在复杂的环境激励下易发生连接螺栓松动故障。

部件间配合松动包含轴承外圈相对于轴承衬套松动、轴承内圈相对于轴松动、轴承座中的轴承衬套松动、过大的轴承内部游隙、轴系上的转子松动等。其故障征兆主要表现为趋向于在松动方向的定向振动，振动频谱中同时存在高次谐波与分数谐波等多种复杂成分。在工程应用中，最为常见的此类松动是轴承跑内外圈。某发电厂的高压电动机滚动轴承出现了内圈甩出故障，故障原因是轴颈磨损造成紧配合不足，轴承运转时内圈热膨胀，随即产生松动。在铁路运输中，列车轴箱轴承内圈松动是最常见的故障之一，内圈与车轴轴颈的配合紧密度遭到破坏，造成相对滑移，轴颈表面遭到破坏并急剧升温，甚至导致热切轴事故。

5.7.2 松动的故障机理及振动特征

振动幅值由激振力和机械阻抗共同决定。松动使连接刚度下降，这是松动振动异常的根本原因。支承系统松动引起异常振动的机理可从两个方面加以说明。

ⅰ.当轴承套与轴承座配合具有较大间隙或紧力不足时，轴承套受转子离心力作用，沿圆周方向发生周期性变形，改变轴承的几何参数，进而影响油膜的稳定性。

ⅱ.当轴承座螺栓紧固不牢时，由于结合面上存在间隙，使系统发生不连续的位移。

上述两项改变，都属于非线性刚度改变，变化程度与激振力相联系，因而使松动振动显示出非线性特征。松动的典型特征是产生2倍频（2×）振动，可能还有3×、4×、5×、6×等高频振动。理论分析表明，在转子偏心率及转速偏低时（$\omega/\omega_0 < 0.75$），松动对转子运行影响较小；当$0.75 < \omega/\omega_0 < 2$时，转子支承系统为非线性系统，振动响应除基频分量外还有2×、3×等高频谐波。在临界转速前，松动的振幅比不松的振幅大；过临界后，松动振幅反而比非松动振幅小些，但在一定条件下会发生1/2、1/4偶数分频共振现象。

基础松动故障的主要特征表现在其引起的振动频率是以较高的1×转频振动为主导，径向振动更大，尤其是垂直方向的振动较大，而轴向的振动一般很小或正常；此外，通过比较垂直和水平方向的振动可以发现振动具有方向性，相位差为 0°或 180°。

该典型频谱特征与不平衡或偏心转子故障特征一致，可用相位来区分；通常情况下，高振动几乎只限于一个转子（单独的驱动机、被驱动机或齿轮箱），这与不平衡或不对中不同，因为不平衡或不对中引起的高振动不只限于一个转子。对于一些特殊情况，如用于紧固泵轴承座的螺栓，其作用力为轴向方向，如果这些螺栓松动，就会导致轴向的 1×转速振动高，这与不对中故障很相似，只要上紧这些螺栓就会减少振动。

在通常情况下，如果不存在其他激振力，这些振动症状就不会出现；如果松动故障源于轴承座的轴承松动或是轴上的部件松动，振动将几乎保持在 1×和 2×转速上，直到其恶化至发生脉冲或冲击作用。有时因设备底脚的断裂松动进一步引发了联轴器的故障，导致联轴器内弹性块的磨损松动。

部件间配合不适当造成的松动可通过打开轴承座端盖来观察。该类型的松动直接关系到旋转设备的轴承与轴，松动严重时会磨损轴承、轴或相关配合件，甚至直接卡死旋转设备。处理措施：可通过更换轴承或衬套、调整部件间配合情况等解决。该类松动的基本特征表现在其引起的振动为多倍转频谐波，有时会达到 10×甚至是 20×，这些谐波在频谱中非常明显。如果谐波幅值变大，也会产生间隔为 1/2 倍频等分数频分量（即 0.5×，1.5×，2.5×等），有时甚至有 1/3×转频谐波；且振动的相位不稳定，但如果振动本身变成高方向性时，水平和垂直方向的相位差将接近 0°或 180°，其典型松动频谱如图 5-31 所示。

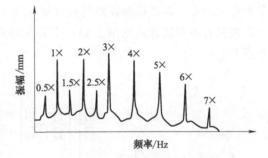

图 5-31　部件间配合不适当造成的松动频谱特征

该松动也可能在达到工作温度且部件已经热膨胀后出现；如果明显存在 1/2×峰值，则表明有更为复杂的松动故障存在（有可能存在摩擦）；当转子松动时，如泵叶轮松动，每次启动后的相位不同；看似这种类型松动的振动频谱（许多 1×转速谐波），实际预示着更为严重的故障存在，如轴承松动和跑圈，此故障会引起抱轴，导致设备的严重失效。

支撑系统松动的故障特征一般是在时域波形中可以看到基频、分数谐波以及高次谐波的叠加波形，主要频率为基频以及分数谐波，常伴有 2×、3×频谐波；在松动方向上振幅较大，且振动不稳定，当工作转速达到某一阈值时，振幅会突然增大或减小。此外其振动的相位一般来说是不稳定的，轴心轨迹比较紊乱，进度方向为正进动。振动随转速变化很明显，随流量变化有变化，随负荷变化很明显，随油温变化、介质温度、介质压力等变化不明显。振动具有非线性特征；振动对偏心率和转速非常敏感。

5.7.3　支撑系统松动的故障原因与维修措施

支撑系统松动的故障有设计、制造、安装维修及操作运行等方面的原因。其中引起支撑系统松动的设计原因有设计结构不合理、无防松动措施、紧固件强度不足、运行中发生断裂；引起支撑系统松动的制造原因有配合尺寸加工误差，导致瓦背无紧力、紧固螺栓质量差，易松动，断裂；引起支撑系统松动的安装维修原因有支承系统配合间隙过大、紧固螺栓紧力不足，未上紧，未按技术要求实施放松措施；引起支撑系统松动的操作运行原因有超负荷运作。其他如支承系统配合紧力消失、机壳或基础变形，螺栓松动也是支撑系统松动的原因。

支撑系统防松动的维修方案有增加紧固螺栓防松措施，按要求检修，保证瓦背紧力，更换失效部件，消除机壳、基础变形，按要求力矩紧固螺栓等。

5.7.4 案例分析

【案例】烟气轮机组松动故障诊断

(1) 设备信息

某油田有限公司石油化工总厂的 YLII-4000J 型烟气轮机组用于 60 万吨/年重油催化裂化装置，自 2002 年却出现了以 3 倍频为主的强振动。

(2) 布置测点

根据 YLII-4000J 烟气轮机的实际情况，在烟气轮机的前后轴承及主风机的轴承处布置了相应的测点，在烟机和风机的径向轴承上安装了八个探头，如图 5-32 所示。其中径向振动检测探头的安装方式见图 5-33，安装在相应的径向轴承上，轴位移探头装于径向止推轴承座上。

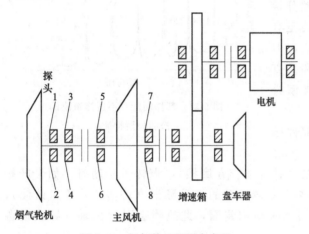

图 5-32　烟气轮机组测点布置

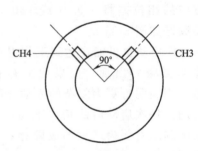

图 5-33　径向振动探测探头安装方式

(3) 故障分析

表 5-11 给出了 CAMD6100 监测系统对该机组进行监测所得的其中一组数据。

表 5-11　各测点振动数据

通道	转速/(r/min)	峰-峰值/μm	通道	转速/(r/min)	峰-峰值/μm
CH1	5878	20.13	CH5	5878	12.17
CH2	5878	27.77	CH6	5878	14.98
CH3	5878	34.95	CH7	5878	28.24
CH4	5878	76.46	CH8	5878	30.90

表中 CH1、CH2 为烟机前轴承（或称为东瓦）两个径向探头通道，CH3、CH4 为烟机后轴承（或称为西瓦）两个径向探头通道，CH5、CH6 为风机东轴承两个径向探头通道，

CH7、CH8 为风机西轴承两个径向探头通道，峰-峰值表示位移振幅的双峰值。

从测试数据中可以看出，多数通道的振动峰-峰值都小于 $50\mu m$，振动合乎要求。但 CH4 通道的振动峰峰值高达 $76.46\mu m$，已接近报警值（$80\mu m$），有时甚至超过 $80\mu m$。2003 年检修后振动值在 $70\mu m$ 至 $90\mu m$ 之间，烟机勉强运行，对整个机组乃至整个装置的平稳运行构成了极大威胁。

由于 CH4 的振动过大，明显超过标准值，分析 CH3 和 CH4 所测的烟机西瓦（径向轴承）的振动频谱图（图 5-34）。

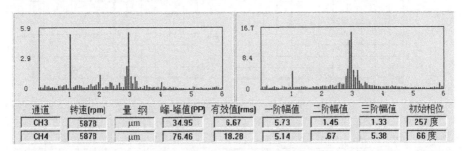

通道	转速(rpm)	量纲	峰-峰值(PP)	有效值(rms)	一阶幅值	二阶幅值	三阶幅值	初始相位
CH3	5878	μm	34.95	6.67	5.73	1.45	1.33	257 度
CH4	5878	μm	76.46	18.28	5.14	.67	5.38	66 度

图 5-34　通道 3 和通道 4 振动频谱图

从图 5-34 中可以看出：在 CH3 中，总振动峰峰值达 $34.95\mu m$，振幅不算高。频率成分主要包括工频、2 倍频及 3 倍频，其中工频与 3 倍频对应的振幅相持平，3 倍频的幅值略超过工频的幅值。也有 2 倍频的分量，但和工频及 3 倍频相比，振幅较小。CH4 总振动峰峰值高达 $76.46\mu m$，振幅高，接近报警值。频率成分主要包括工频和 3 倍频，其中 3 倍频的振动占主导，且远远高于工频，2 倍频分量几乎没有。

根据频谱分析，首先怀疑机组是不对中故障，但改变机组对中度之后发现振动更加剧烈，故而怀疑是轴瓦紧力不均引起的。为了验证轴承体紧力对振动的影响，在 10 月份的抢修中，将对中曲线恢复到原来状态，并降低轴瓦紧力，轴瓦间隙由 0.11mm 降至 0.07mm，开机后对机组进行振动测试，紧力改变前后的振动数据的比较见表 5-12，从表中可以看出当紧力降低后 CH1、CH2、CH3、CH5、CH6 的振动均有所增加，但幅度很小，而且所有的振动值均在标准范围内，对总的振动没有产生很大的影响。值得注意的是本机组振动超标的 CH4 的振动值则由原来的 $76.46\mu m$ 降至 $53.68\mu m$，降幅很大，至少说明了该轴承处的紧力对通道 CH4 的振动影响很大，同时也说明了并非紧力越大越好，过大的紧力会造成垂直和水平方向的刚性不对称，从而导致振动过大。

表 5-12　紧力改变前后振动数据比较

通道	改变前振动值/μm	改变后振动值/μm	通道	改变前振动值/μm	改变后振动值/μm
CH1	20.13	23.87	CH5	12.17	12.64
CH2	27.77	29.96	CH6	14.98	17.01
CH3	34.95	37.76	CH7	28.24	20.91
CH4	76.46	53.68	CH8	30.90	31.05

为了进一步分析紧力改变后振动频率组成成分是否有明显的变化，我们观察紧力改变后所有测点的振动频谱图（图 5-35），从图中可以看出，与紧力改变前相比，CH1、CH2 和 CH3 的频率成分并无明显变化，主要还是 1 倍频的振动；而 CH4 的振动频率成分发生了很

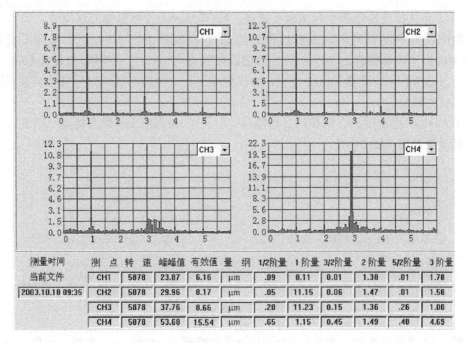

测量时间	测点	转速	峰峰值	有效值	量纲	1/2阶量	1阶量	3/2阶量	2阶量	5/2阶量	3阶量
当前文件	CH1	5878	23.87	6.16	μm	.09	8.11	0.01	1.38	.01	1.78
2003.10.18 09:35	CH2	5878	29.96	8.17	μm	.05	11.15	0.06	1.47	.01	1.58
	CH3	5878	37.76	8.66	μm	.20	11.23	0.15	1.36	.26	1.00
	CH4	5878	53.60	15.54	μm	.65	1.15	0.45	1.49	.48	4.69

图 5-35　改变紧力后 CH1、CH2、CH3 和 CH4 振动频谱图

大的变化，其中 1 倍频振幅有较大的降低，而 3 倍频振幅也有所降低，但降低的幅度没有 1 倍频的大，改变紧力后 CH4 的振动主要是 3 倍频的振动。

从上面的分析可以看出，紧力的大小对 CH4 的振动有较大的影响，对 1 倍频的影响比对 3 倍频的振动影响大。

5.8　动静碰摩故障的机理与诊断

大型机组动静碰摩的概率比一般设备要大得多，动静碰摩发生的概率仅低于不平衡。究其原因，大型机组均是企业的关键设备，设备的能耗对企业的经济效益影响甚大。为了提高机组效率，往往把密封间隙、轴承间隙做得较小，以减少气体介质和润滑油的泄漏；同时为了满足生产工艺要求，转速也往往很高。种种原因导致振动变大时，动静之间的碰摩就极难避免。转轴弯曲、转子不平衡、定转子胀差不一、流体激振、转子对中不良等，都是动静碰摩的诱因，一旦发生动静碰摩，又会反过来加剧由这些诱因引起的故障程度，使机组故障显得十分复杂。

5.8.1　动静碰摩的振动机理

动静碰摩与部件松动具有类似特点。动静碰摩是当间隙过小时发生动静件接触再弹开，改变构件的动态刚度；松动是连接件紧固不牢、受交变力（不平衡力、对中不良激励等）作用，周期性地脱离再接触，同样改变构件的动态刚度。不同点是，前者还有一个切向的摩擦力，使转子产生涡动。转子强迫振动、碰摩自由振动和摩擦涡动运动叠加到一起，产生复杂的、特有的振动响应频率。由于碰摩力是不稳定的接触正压力，时间上和空间位置上都是变化的，因而摩擦力具有明显的非线性特征（一般表现为丰富的超谐波）。因此，动静碰摩与松动相比，振动成分的周期性相对较弱，而非线性更为突出。

由于碰摩的非线性，振动频率中包含有 2×、3×等高次谐波及 1/2×、1/3×、1/4×等分数谐波。局部轻微摩擦，冲击性突出，频率成分较丰富；局部重摩擦时，周期性较突出，高次谐波、分数谐波的阶次均将减少。分数谐波的范围取决于转子的不平衡状态及阻尼情况，在足够高阻尼的转子系统中，也可能完全不出现分数谐波振动。而当离心压缩机发生喘振、油膜振荡等强烈振动时，转子在轴承、密封等处将发生大面积整周摩擦。此时，时域波形将发生单边波峰削波现象，涡动由正向涡动变为反向涡动，频率成分的分布情况随摩擦轻重而发生很大的变化，即：刚开始发生碰摩时，转子不平衡、轴弯曲等的作用大于摩擦，转子以基频振幅为主，2×、3×成分并不大，随着摩擦接触弧度的增大，由于摩擦起到附加支承作用，基频幅值有所下降，2×、3×成分则由于非线性的加强而有所增大。若转子整周全弧摩擦发生于转子转速大于临界转速之后，由于很强的切向摩擦力，可引起转子失稳。由于非线性谐波共振，振动响应中将具有幅值很大的分数谐波成分，一般以转子发生摩擦时的一阶自振频率为主峰，此外，还会有基频和谐波之间的差频成分，高次谐波则不处于共振状态而消失。

轴向动静碰摩比较简单，除增大运动阻尼外，振动形式没有大的变化，故很难通过振动分析法加以识别，必须采用其他的方法，如噪声、温度、油液分析法等进行诊断。

5.8.2　动静碰摩的故障特征与诊断

动静碰摩分为径向碰摩和轴向碰摩，振动特征为时域波形为削波的正弦波，转子发生碰摩失稳前波形畸变，频谱成分丰富，轴心轨迹不规则变化，为正进动。失稳后发生严重畸变或削波，轴心轨迹发散，变为反进动。发生轻微碰摩时，同频幅值波动。严重碰摩时，各频谱成分（各次谐波）幅值迅速增大。碰摩发生后，系统的刚度增加，临界转速区展宽，各阶振动的相位发生变化。径向碰摩振动方向为径向；轴向碰摩振动方向有径向和轴向，相位不稳定，轴心轨迹不稳定，紊乱，进动方向为反进动。振动随转速、油温、介质温度、压力、流量、负荷等的变化都不明显。对于局部轻度径向碰摩，时域波形轻微削波，对于全周向重度径向碰摩，时域波形严重削波。

5.8.3　动静碰摩的故障原因与维修措施

动静碰摩故障的产生原因有设计间隙不当、偏小，制造误差导致间隙变小，安装时导致与定子不同心对中不良，转子挠度大，弯曲、机组热膨胀不均匀，壳体变形等。基础变形维修措施有调整参数、保证机组热膨胀均匀，检修时保证各部件间隙符合技术要求，调整转子定心，调整基础、消除沉降影响。对于动静件之间的轻微摩擦，开始时故障症状可能并不十分明显，特别是滑动轴承的轻微碰摩，由于润滑油的缓冲作用，总振动值的变化是很微弱的，主要靠油液分析发现这种早期隐患。

5.8.4　案例分析

【案例一】某炼油厂烟气轮机动静碰摩故障诊断

（1）设备信息

某炼油厂烟气轮机正常运行时轴承座振动不超过 6.0mm/s，该机组经检修后刚刚投运即发生强振，且振动值呈快速上升趋势，烟机南、北轴承座上测得的振动值如表 5-13 所示，较正常时均有较大幅度的上升，其中 A 为转子轴向，H 为水平径向，V 为垂直径向。

表 5-13　烟机振动值测试结果　　　　　　　　　　　　　mm/s

方向	时间	位置	
		烟机南瓦	烟机北瓦
H	11.20 晚	27.6	32.4
	11.22 上午	41.0	33.8
V	11.20 晚	10.0	8.0
	11.22 上午	9.1	13.8
A	11.20 晚	6.5	6.0
	11.22 上午	9.1	10.0

（2）故障分析

　　壳体上测得的振动频谱如图 5-36 所示。由图可见，除转子工频成分以外，还存在大量的高次谐波成分，如 2×、3×、4×、5× 等，特别是个别测点甚至以 5× 的幅值为最高，时域波形存在明显的削波现象。图 5-37 是烟机南瓦涡流探头输出信号的二维全息谱，由图可见，各频率成分的椭圆均较扁，不同于一般转子不平衡的二维全息谱。

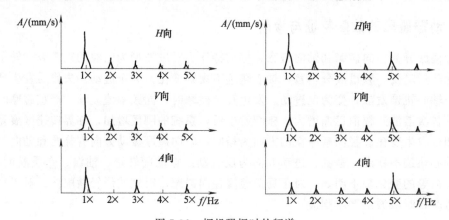

图 5-36　烟机强振时的频谱

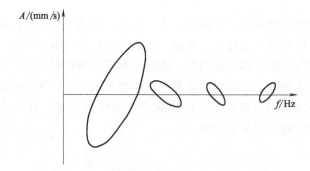

图 5-37　烟机强振时的二维全息谱

　　分析认为烟机存在较严重的摩擦故障，从 5× 较突出的情况来看，主要部位应为轴瓦（径向轴承和推力轴承均为瓦块式，各 5 个瓦块）。由于振动值已严重超标，建议立即停机检查。

（3）故障处理和结果

　　检查结果表明：烟机轴瓦有明显的磨损痕迹，南轴瓦有一径向裂纹，并有巴氏合金呈块状脱落，主推力轴承有 3 个瓦块已出现裂纹。更换轴承和转子，并仔细重新进行安装，开机后工作恢复正常。

【案例二】主风机振动监测与诊断

（1）设备信息

某厂一台主风机运行过程中突然出现强振现象，风机出口最大振动值达 $159\mu m$，远远超过其二级报警值（$90\mu m$），严重威胁着装置的安全生产。

（2）故障分析

图 5-38、图 5-39 分别是风机运行正常时和强振发生时的时域波形和频谱。由图 5-38、图 5-39 可知，风机正常运行时，其主要振动频率为转子工频 101Hz 及其低次谐波，且振动值较小，峰-峰值约 $23\mu m$；而强振时，一个最突出的特点是产生一个幅值极高的精确的 $0.5\times(50.5Hz)$ 成分，其幅值占到通频幅值的 89%，同时伴有精确的 $1.5\times(151.5Hz)$、$2.5\times(252.5Hz)$ 等非整数倍频，此外，工频及其谐波幅值也均有所增长。

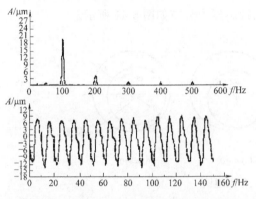

图 5-38　风机运行正常时的波形和频谱

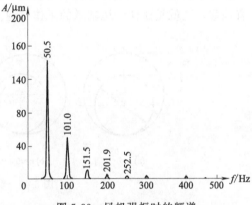

图 5-39　风机强振时的频谱

结合现场的一些其他情况分析，说明机组振动存在很强烈的非线性，极有可能是由于壳体热膨胀受阻，造成转子与壳体不同心，导致动静件摩擦而引起的。随后的停机揭盖检查表明，风机第一级叶轮的口环磨损非常严重，由于承受到巨大的摩擦力，整个叶轮也已经扭曲变形，如果再继续运行下去，其后果将不堪设想。及时地分析诊断和停机处理，避免了设备故障的进一步扩大和可能给生产造成的更大损失。

5.9　油膜轴承油膜涡动和振荡的机理与诊断

油膜轴承因其承载性能好、工作稳定可靠、工作寿命长等优点，在各个行业得到了广泛的应用。油膜轴承按其工作原理可分为静压轴承与动压轴承。静压轴承是依靠润滑油在转子轴颈周围形成的静压力差与外载荷相平衡的原理进行工作的。动压轴承油膜压力是靠轴本身旋转产生的，它的供油系统简单，设计良好的动压轴承具有很长的使用寿命，因此动压轴承广泛应用于各类旋转机械中。而油膜涡动和油膜振荡是发生在动压轴承中的一种常见的机械故障，转子轴颈在油膜中的剧烈振动将会直接导致机器零部件的损坏。因此，必须了解产生油膜不稳定工作的原因、故障机理和特征，采取措施防止转子在工作时失稳。

5.9.1 动压轴承工作原理

动压轴承工作原理如图 5-40 所示。在动压轴承中，轴颈与轴承孔之间有一定的间隙（一般为轴颈直径的千分之几），间隙内充满润滑油。轴颈静止时，沉在轴承的底部，如图 5-40(a) 所示。当转轴开始旋转时，轴颈依靠摩擦力的作用，沿轴承内表面往上爬行，达到一定位置后，摩擦力不能支持转子重量，就开始打滑，此时为半液体摩擦，如图 5-40(b) 所示。随着转速的继续升高，轴颈把具有黏性的润滑油带入与轴承之间的楔形间隙（油楔）中，因为楔形间隙是收敛形的，它的入口断面大于出口断面，因此在油楔中会产生一定油压，轴颈被油的压力挤向另外一侧，如图 5-40(c) 所示。如果带入楔形间隙内的润滑油流量是连续的，油液中的油压就会升高，使入口处的平均流速减小，而出口处的平均流速增大。由于油液在楔形间隙内升高的压力就是流体动压力，所以称这种轴承为动压轴承。在间隙内积聚的油层称为油膜，油膜压力可以把转子轴颈抬起，如图 5-40(d) 所示。当油膜压力与外载荷平衡时，轴颈就在与轴承内表面不发生接触的情况下稳定地运转，此时的轴心位置略有偏移，这就是流体动压轴承的工作原理。轴承内油膜压力分布如图 5-41 所示。

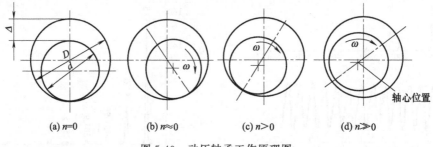

(a) $n=0$ (b) $n\approx0$ (c) $n>0$ (d) $n\gg0$

图 5-40 动压轴承工作原理图

5.9.2 油膜涡动机理

转子轴颈在轴承中以角速度 ω 稳定运转时，轴颈上的载荷与油膜力相平衡，即作用在轴颈中心上的力大小相等、方向相反。如图 5-42 所示，假如轴颈中心在 O_2 位置上，轴颈载

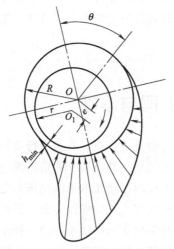

图 5-41 动压轴承油膜压力分布图

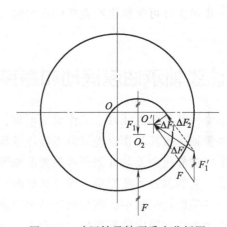

图 5-42 动压轴承轴颈受力分析图

荷 F_1 和油膜力 F 大小相等，方向相反，O_2 点就是轴颈旋转的平衡位置，这个平衡位置由轴颈的偏心率 ε 和偏位角 θ 来确定的。假如转子受到外界瞬时干扰力的作用，轴颈中心移到 O' 位置，如果能够回复到原来的位置，则认为系统是稳定的，否则认为是不稳定的。当轴心移到 O' 位置时，该处的油膜反力为 F，油膜反力又分解为 F_1' 和 ΔF，其中 F_1' 与 F_1 平衡，总合力为 ΔF，把 ΔF 分解为一个切向分量 ΔF_2 和一个径向分量 ΔF_1，径向分量 ΔF_1 与轴径的位移方向相反，试图把轴颈推回原处，这是一种弹性恢复力；而力 ΔF_2 与轴颈位移方向垂直，它有推动轴颈中心涡动的趋势，故 ΔF_2 称为涡动力。如果涡动力等于或小于油膜阻尼力，轴颈的涡动将是稳定的；如果涡动力超过阻尼力，则轴心轨迹继续扩大，这时轴心是不稳定的。

5.9.3　半速涡动与油膜振荡

涡动是转子轴颈在作高速旋转的同时，还环绕轴颈某一平衡中心作公转运动。按照激励因素不同，涡动可以是正向的（与轴旋转方向相同），也可以是反向的（与轴旋转方向相反）；涡动角速度与转速可以是同步的，也可以是异步的。如果转子轴颈主要是由于油膜力的激励作用而引起涡动，则轴颈的涡动角速度将接近转速的一半，故有时也称为"半速涡动"。

轴颈在轴承中作偏心旋转时，形成一个进口断面大于出口断面的油楔，如果进口处的油液流速并不马上下降（例如，对于高速轻载转子，轴颈表面线速度很高而载荷又很小，油楔力大于轴颈载荷，此时油楔压力的升高不足以把收敛形油楔中的流油速度降得较低），则轴颈从油楔间隙大的地方带入的油量大于从间隙小的地方带出的油量，由于液体的不可压缩性，多余的油就要把轴颈向前推进，形成了与转子旋转方向相同的涡动运动，涡动速度就是油楔本身的前进速度。

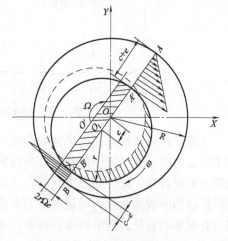

图 5-43　轴颈涡动分析

当转子旋转角速度为 ω 时，因润滑油具有黏性，所以轴颈表面的油流速度与轴颈线速度相同，均为 $r\omega$，而在轴瓦表面处的润滑油流速为零。为分析方便，假定间隙中的油流速呈直线分布，如图 5-43 所示，图中 e 为偏心距，c 为半径差。在油楔力的推动下转子发生涡动运动，涡动角速度为 Ω，假定 $\mathrm{d}t$ 时间内轴颈中心从 O_1 点涡动到 O' 点，轴颈上某一直径 $A'B'$ 扫过的面积为 $2r\Omega e\,\mathrm{d}t$。

此面积等于轴颈掠过面积（图中有阴影线部分的月牙形面积），这部分面积也就是油流在 AA' 截面间隙与 BB' 截面间隙中的流量差。假如轴承宽度为 1，轴承两端的泄油量为 $\mathrm{d}Q$，根据流体连续性条件，则可得到

$$r\omega l\,\frac{c+e}{2}\mathrm{d}t = r\omega l\,\frac{c-e}{2}\mathrm{d}t + 2rl\Omega e\,\mathrm{d}t + \mathrm{d}Q \tag{5-19}$$

解得

$$\Omega = \frac{1}{2}\omega - \frac{1}{2rel}\frac{dQ}{dt}$$ (5-20)

式中 l ——轴承横向宽度。

当轴承两端泄漏量 $\dfrac{dQ}{dt} = 0$ 时，可得

$$\Omega = \frac{1}{2}\omega$$ (5-21)

然而，在收敛区入口，由于受到不断增大的油压作用，油速逐渐减慢，而在收敛区出口的油流速度在油楔压力作用下会有所增大。这两者的作用与轴颈旋转时引起的直线速度分布相叠加，就使得图 5-43 中 AA' 截面上的速度分布线向内凹进，BB' 截面上的速度分布线向外凸出，这种速度分布上的差别使轴颈的涡动速度下降。同时，注入轴承中的压力油不仅被轴颈带着作圆周运动，还有部分润滑油从轴承两侧泄漏，此时，$\dfrac{dQ}{dt} \neq 0$，因而，$\Omega < \dfrac{1}{2}\omega$，即半速涡动的频率通常小于转速频率的一半，约为转速频率的 0.43~0.48。

涡动频率在转子一阶自振频率以下时，半速涡动是一种比较平静的转子涡动运动，由于油膜具有非线性特性（即轴颈涡动幅度增加时，油膜的刚度和阻尼较线性关系增加得更快，从而抑制了转子的涡动幅度），轴心轨迹为一稳定的封闭图形（图 5-44）。

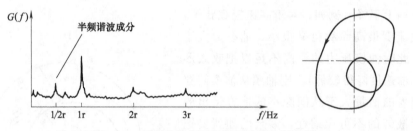

图 5-44 轴颈半速涡动频谱图和轴心轨迹图

随着工作转速的升高，半速涡动频率也不断升高，频谱中半频谐波的振幅不断增大，使转子振动加剧。如果转子的转速升高到第一临界转速的两倍以上时，半速涡动频率有可能达到第一临界转速，此时会发生共振，造成振幅突然骤增，振动非常剧烈。同时轴心轨迹突然变成扩散的不规则曲线，频谱图中的半频谐波振幅值增大到接近或超过基频振幅，频谱会呈现组合频率的特征。若继续提高转速，则转子的涡动频率保持不变，始终等于转子的一阶临界转速，即 $\Omega = \omega_{c1}$，这种现象称为油膜振荡，如图 5-45 所示。

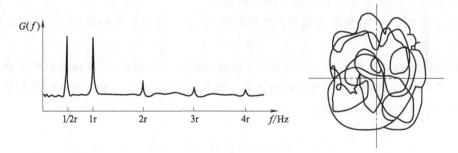

图 5-45 油膜振荡频谱图和轴心轨迹图

5.9.4　油膜涡动与油膜振荡的特征

当发生油膜振荡时，会呈现出以下特征：

ⅰ.油膜振荡在一阶临界转速的二倍以上时发生。一旦发生振荡，振幅急剧加大，即使再提高转速，振幅也不会下降。

ⅱ.油膜振荡时，轴颈中心的涡动频率为转子一阶固有频率。

ⅲ.油膜振荡具有惯性效应，升速时产生油膜振荡的转速和降速时油膜振荡消失时的转速不同。

ⅳ.油膜振荡为正进动，即轴心涡动的方向和转子旋转方向相同。

此外，对于不同的转子，油膜振荡会呈现出不同的特征。起始失稳转速与转子的相对偏心率有关，轻载转子在第一临界转速之前就可能发生不稳定的半速涡动，但不产生大幅度的振动；当转速达到第一临界转速时，转子由于共振而有较大的振幅；越过第一临界转速后振幅再次减少，当转速达到第一临界转速的两倍时，振幅增大并且不随转速的增加而改变，即发生了油膜振荡。

5.9.5　油膜涡动与油膜振荡的诊断

油膜涡动与油膜振荡的振动特征是时间波形发生畸变，表现为不规则的周期信号，通常是在工频的波形上叠加了比例很大的低频信号。频谱图中转子固有频率处的频率分量的幅值最为突出。油膜振荡是发生在工作转速大于二倍一阶临界转速时，之后工作转速继续升高，振荡频率基本不变。油膜振荡发生和消失具有突然性，并带有惯性效应，即升速时油膜振荡的转速高于降速时油膜消失时的转速。油膜振荡时涡动方向与转动方向相同，为正进动，轴心轨迹为不规则的发散曲线。轴承载荷越小或偏心率越小越易发生故障。油膜涡动振动随转速变化明显，油温对振动有影响，但随介质温度、介质压力、流量及负荷等的变化不明显。而油膜振荡随转速的变化是振动突然增大后，即使转速再升高，振动值也不变化，油温对振动有影响，但随介质温度、介质压力、流量及负荷等的变化不明显。通过改变油的压力和黏度可改变振动情况。

5.9.6　油膜振荡的危害及维修措施

油膜振荡的出现将产生剧烈振动，可能造成轴承和轴系的损坏，甚至造成严重事故。故在此对其防治措施做重点介绍。

(1) 设计上尽量避开油膜共振区

在设计机组时就要避免转子工作转速在二倍的第一阶临界转速以上运转，因为这样容易使由轴承油膜不稳定引起的涡动频率与转子系统自振频率相重合，从而引发油膜振荡。从这个方面来看，转子工作转速在二倍的第一临界转速以下，可以提高转子的稳定性。对于一些高转速的离心式机器，由于结构上的原因，可能超过二倍的第一临界转速，这类转子容易引起油膜失稳，必须进行转子稳定性计算，并采用抗振性较好的轴承。

(2) 增加轴承比压

轴承比压是指轴瓦工作面上单位面积所承受的载荷，增加比压值等于增大轴颈的偏心率，提高油膜的稳定性。重载转子之所以比轻载转子稳定，是因为重载转子偏心率大，质心低。因此，对一些已经引起油膜失稳的转子，常用的方法是把轴瓦的长度减小（可用车削方法），以增大轴承比压，提高转子的稳定性。

（3）减小轴承间隙

试验表明，如果把轴承间隙减小，则可提高发生油膜振荡的转速。其实减小间隙 c，就相对增大了轴承的偏心率 ε，从而降低振动幅值。

（4）控制适当的轴瓦预负荷

轴瓦的预负荷作用是通过几个瓦块在周向上的联合作用，稳住了轴颈的涡动，增强了转子的稳定性。如椭圆形轴承的轴瓦是由上下两个圆弧组成的，其曲率半径大于圆柱瓦，轴颈始终在轴瓦的偏心状态下工作，预负荷值较大。在油楔力作用下，轴颈的垂直方向上受到一定约束力，因而其稳定性比圆柱瓦高。对于多油楔轴承，多个油楔产生的预负荷作用把轴颈紧紧地约束在转动中心，可以较好地减弱转子的涡动。

了解轴瓦上的预负荷作用，在修刮轴瓦时就要注意不要把轴瓦的预负荷值刮成为负数（瓦面曲率半径小于轴承内圆半径），否则将会增加油膜的不稳定性。

（5）选用抗振性好的轴承

从轴承结构型式上分析，圆柱轴承虽然具有结构简单、制造方便的优点，但其抗振性能最差，因为这种轴承缺少抑制轴颈涡动的油膜力。一般来说，椭圆轴承的稳定性优于圆柱轴承，多油楔轴承的稳定性优于椭圆轴承。

（6）调整油温

适当地升高油温，减小油的黏度，可以增加轴颈在轴承中的偏心率，有利于轴颈稳定。另一方面，对于一个已经不稳定的转子，降低油温，增加油膜对转子涡动的阻尼作用，有时对降低转子振幅有利。由此可见，采取升高油温还是降低油温的措施来减少油膜涡动的影响，与轴承间隙大小有关。如果振动随油温升高而增大，多数原因是轴承间隙过大；如果振动随油温升高而减小，则可能是轴承间隙太小所造成的。

改善轴承油膜稳定性除了上述几种措施之外，还有改变转子刚度与轴承座刚度（相当于提高一阶临界转速）、提高供油压力、采用挤压油膜轴承。轴承采用多路供油以及轴承内表面开油槽、上瓦筑油坝等办法。

必须指出，高速转子的轴承油膜失稳，除了轴承本身固有特性会引起油膜振荡之外，转子系统中工作流体的激振、密封中流体的激振、轴材料内摩擦等原因也会使轴承油膜失稳。此外，联轴器不对中、轴承与轴颈不对中、工作流体对转子周向作用力不平衡等，都有可能改变各轴承的载荷分配，使本来可以稳定工作的轴承油膜变得不稳定，因此，需要从多方面寻找引起油膜失稳的原因，并针对具体原因采取相应对策。

5.9.7　案例分析

【案例】压缩机油膜振荡故障诊断

（1）设备信息

某催化气压机组配置为汽轮机、齿轮箱和压缩机等，压缩机技术参数为：工作转速：7500r/min，轴功率：1700kW，进口压力：0.115MPa，出口压力：1.0MPa，进口流量：220N·m³/min，转子第一临界转速：2960r/min。

压缩机在运行过程中，轴振动突然报警，轴振动值和轴承座振动值明显增大，为确保安全，决定停机检查。

（2）故障分析

压缩机前端轴振动值为：$185\mu m$，其中 47Hz 幅值为 $181\mu m$，125Hz 幅值为 $42\mu m$，如图 5-46 所示；压缩机后端轴振动值为：$115\mu m$，其中 47Hz 幅值为 $84\mu m$，125Hz 幅值为 $18\mu m$，如图 5-47 所示；轴心轨迹为畸形圆。压缩机前后轴承座水平振动分别为：$39\mu m$、$29\mu m$。

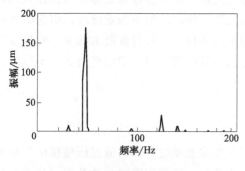

图 5-46　前轴承振动频谱

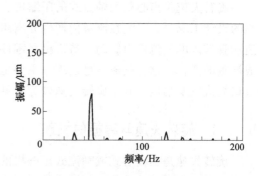

图 5-47　后轴承振动频谱

做升速试验，记录振动与转速变化关系，作压缩机升速过程三维谱图，如图 5-48 所示。由前后轴振动频谱图发现有 47Hz 低频峰值存在，观察三维谱图可发现，当升速至 4260r/min 时出现半速涡动，随着转速的上升，涡动频率和振幅也在不断增加，当涡动频率达到 47Hz 时不再随转速而上升，转速提高到 7500r/min 工作转速时，振动频率仍为 47Hz，但振幅巨大，低频分量为 $179\mu m$，而工频分量只为 $40\mu m$。

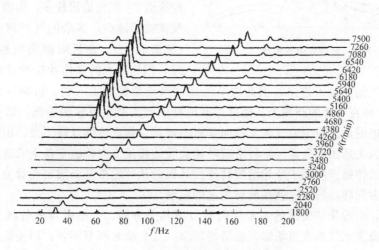

图 5-48　升速过程前轴承振动三维谱图

对转子-支承系统进行核算，2820r/min 为转子第一临界转速，压缩机的振动故障为油膜振荡。形成过程与典型的高速轻载转子的油膜振荡故障现象完全吻合。

（3）故障处理和结果

轴承检查结果表明，巴氏合金表面发黑，上瓦有磨损并伴有众多小气孔，前轴承巴氏合金有部分脱落。压缩机更换可倾瓦轴承，机组安装投用后，47Hz 的低频分量不再出现，油膜振荡故障消失。

5.10 旋转失速与喘振

旋转失速是离心式和轴流式的压缩机、风机运行过程中的一种常见故障。当操作点远离它的设计工况时，气流在流道内产生分离团，造成气流压缩，产生不稳定流动，引起机器流道和管道内的气流压力脉动，造成机器零件或管道的疲劳损坏，或者发展为喘振，对机器造成严重的危害。这种气流不稳定现象主要是由三方面的原因引起的，即旋转失速、不稳定的进口涡流以及喘振，其中旋转失速较为常见。

5.10.1 旋转失速与喘振的机理

旋转失速是当离心式或轴流式压缩机的操作工况发生变动时，如果流过压缩机的气量减小到一定程度，进入叶轮扩压器流道的气流方向发生变化，气流向着叶片的凸面（称为工作

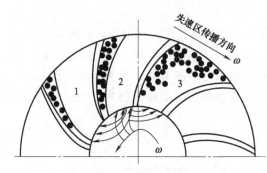

图 5-49 旋转失速的形成

面）冲击，在叶片的凹面附近形成很多气流旋涡，旋涡逐渐增多，使流道有效流通面积逐渐减小。当然，由于制造、安装维护或运行工况等方面的原因，进入压缩机的气流在各个流道中的分配并不均匀，气流旋涡的多少也有差别。如果某一流道中（如图 5-49 中的流道 2）气流旋涡较多，则通过这个流道的气流就要减少，多余的气流将转向邻近流道（流道 1、3）。在折向前面的流道（流道 1）时，因为进入的气体冲在叶片的凹面上，把原来凹面上的气流冲掉了许多，因此这个流道的气流就畅通了一些。折向后面流道（流道3）的气流由于冲在叶片的凸面上，使叶片凹面处的气流产生更多的旋涡，堵塞了流道的有效流通面积，迫使该流道中的气流又折向邻近的流道。如此连续发展下去，由旋涡组成的气流堵塞团（称为失速团或失速区）将沿着叶轮旋转的相反方向轮流在各个流道内出现。由于失速区在反向的传播速度小于叶轮的旋转速度，因此从叶轮外某一固定点看去，失速区是沿着叶轮的旋转方向转动的，这就是旋转失速的机理。

由上可知，引起旋转失速的主要原因有以下几个方面：一是机器的各级流道设计不匹配；二是叶轮流道或气流流道堵塞，滤清器堵塞；三是流量调节不当；四是流道结垢等。

当发生旋转脱离时，叶道中气流通不过去，压缩机出口的压力突然下降，排气管内较高压力的气体便倒流回级里来。瞬间，倒流回级中的气体补充了压缩机流量的不足，叶轮又恢复正常工作，重新把倒流回来的气体压出去。这样又使压缩机中流量减小，于是出口压力又突然下降，排气管内的压力气体又倒流回压缩机中来，如此周而复始，在系统中产生了周期性的气流振荡现象，这种现象称为"喘振"。

离心式压缩机的喘振取决于内部因素和外部因素两方面：

ⅰ.内部因素：压缩机的运行工况远离设计点，流量小于最小值，在叶轮或扩压器内出现严重的气流旋转脱离。

ⅱ. 外部因素：与离心式压缩机联合工作的管路系统的特性，具有一定容量的管网压力高于压缩机所能提供的排气压力，造成气体倒流，并产生大幅度的气流脉动。

5.10.2　旋转失速与喘振的特征及诊断依据

(1) 旋转失速的故障特征

ⅰ. 由于失速区内部气流的减速流动依次在这个叶轮的各个流道出现，它以叶轮旋转的反方向作环状移动，因此破坏了叶轮内压力的轴对称性。当失速区达不到要求的压力时，就会引起叶轮出口和管道内的压力脉动，发生机器和管道的振动。

ⅱ. 叶轮失速在 0.5～0.8 倍转速频率范围内，扩压器失速在 0.1～0.25 倍转速频率范围内。旋转失速产生的振动基本频率在振动频率上，既不同于低频喘振，又不同于较高频率的不稳定进口涡流。因此，可以利用振动诊断把这种故障鉴别出来。

ⅲ. 当压缩机进入旋转失速范围内后，虽然存在压力脉动，但是机器的流量基本上是稳定的，不会发生较大幅度的变动，这一点与喘振的故障现象有根本的区别。

ⅳ. 旋转失速引起的振动在强度上要比喘振要小，但比稳定进口涡流要大得多。此外有旋转失速引起的机器振动又不同于其他机械故障的振动，转子不平衡、不对中可能使转子的振幅较高，但在机壳和管道上并不一定能感觉到明显的振动。属于气流激振一类的旋转失速却与此不同，有时在转子上测得的振幅虽然不太高，但机壳和管道表现出剧烈的振动。

(2) 喘振的故障特征

ⅰ. 压缩机接近或进入喘振工况时，缸体和轴承都会发生强烈的振动，其振幅要比正常运行时大大增加，喘振频率一般都比较低，通常为 1～30Hz。

ⅱ. 压缩机在稳定工况下运行时，气体进出口流量变化不大，所测得的数据在平均值附近波动，幅值很小。当接近或进入喘振工况时，出口压力和进口流量的变化都很大，会发生周期性大幅度的脉动，有时候甚至会出现气体从压缩机进口倒流的现象。

ⅲ. 压缩机在稳定运行时，气流噪声较小且是连续性的。当接近喘振工况时，由于整个系统产生气流周期性的振荡，因而在气流管道中，气流发出的噪声也时高时低，产生周期性变化；当进入喘振工况时，噪声剧增，甚至有爆声出现。

ⅳ. 发动机功率发生大幅度的变化。

(3) 旋转失速与喘振的对比

旋转失速与喘振故障的振动随转速的变化明显，随油温的变化不明显，随介质温度的变化也不明显，但随压力的变化较明显，随流量和负荷的变化也明显，对于旋转失速出口压力有波动，流量有波动。而对喘振振动剧烈，有周期性进出口压力、流量波动大，甚至有倒流现象，声音异常，有吼叫声。具体振动特征的比较见表 5-14。

表 5-14　旋转失速与喘振的振动特征

序号	特征参数	故障特征	
		旋转失速	喘振
1	时域波形	各成分叠加波形	低频成分明显叠加
2	特征频率	旋转失速角频率 ω_s 及 $(\omega-\omega_s)$ 的成对谐波	1～30Hz 的低频成分
3	常伴频率	组合频率	1×

序号	特征参数	故障特征	
		旋转失速	喘振
4	振动稳定性	波动或波动幅度较大	大幅度波动
5	振动方向	径向	径向
6	相位特征	不稳定	不稳定
7	轴心轨迹	杂乱、不稳定	紊乱
8	进动方向	正进动	正进动

5.10.3 旋转失速与喘振的危害

旋转失速和喘振现象对压缩机的危害，主要表现在以下几个方面：

ⅰ.喘振时，由于气流强烈的脉动和周期性振荡，使供气参数（压力、流量等）大幅度地波动，破坏了工艺系统的稳定性。

ⅱ.会使叶片强烈振动，叶轮应力大大增加，噪声加剧。

ⅲ.引起动静部件的摩擦与碰撞，使压缩机的轴产生弯曲变形，严重时会产生轴向窜动，碰坏叶轮。

ⅳ.加剧轴承、轴颈的磨损，破坏润滑油膜的稳定性，使轴承合金产生疲劳裂纹，甚至烧毁。

ⅴ.损坏压缩机的级间密封及轴封，使压缩机效率降低，甚至造成爆炸、火灾等事故。

ⅵ.影响与压缩机相连的其他设备的正常运转，干扰操作人员的正常工作，使一些测量仪表仪器准确性降低，甚至失灵。

5.10.4 旋转失速与喘振产生的原因及维修措施

旋转失速与喘振的故障原因有设计原因、制造原因、安装维修和操作等方面的原因。其中设计原因有各级流道设计不匹配、整机流量设计不匹配、工作点离喘振线过近；制造原因有叶轮流道宽度误差大、叶片角度不符合图纸要求；安装维修原因有入口过滤网堵塞以及气源不足、入口流量过低等。

可通过以下措施防止旋转失速和喘振的发生：

ⅰ.开大流量阀，保证入口流量和压力；

ⅱ.调整机组转速，严格遵循降速先降压，升压先升速的操作原则；

ⅲ.检查调整入口冷却器，保证入口温度不超过允许值；

ⅳ.检查入口滤网、流道，清理堵塞的异物；

ⅴ.保证出口畅通，出口压力不高于设计值；

ⅵ.对无害介质，打开出口放空阀。

5.10.5 案例分析

某厂的二氧化碳压缩机组是尿素装置的关键设备之一，其运行状态正常与否直接关系到全厂生产的顺利进行。该机组高压缸转子基频振动频率为 222.7Hz，该机组在运行过程中始终存在一个与转速大致成 0.8 倍关系的振动分量，0.8 倍频振动频率是 183.6Hz。这一振动分量的幅值有时与基频振动分量的幅值相等，有时甚至大于基频幅值，成为引起转于振动的主要因素。为此，需要根据监测到的信息来诊断何种故障，并分析产生原因，以便加以控制和消除。

为分析原因，根据监测到的瀑布图，发现启动过程无论哪一转速下都没有 0.8 倍频这一振动分量出现，可见 0.8 倍频振动分量在低负荷和低转速下，其振动并不表现出来。

其次用传统的频谱进行分析，发现不但包括 0.8 倍频、基频、2 倍频等振动成分，而且包含一个频率为 $f=39$Hz 的振动分量，其幅值大小仅次于 0.8 倍频、基频、2 倍频、3 倍频振动分量的幅值，而且 $f+f_{0.8}=39+184=223$Hz，近似于转子基频振动频率 $f_1=222.7$Hz。由此可见，转子振动中不但包含有一个 0.8 倍频的振动分量，对应还有一个 0.2 倍频的振动分量。

此外，通过频谱分析，还可以发现 0.8 倍额这一振动成分的频率随转速的升高而升高，但也没有明显的线性关系。表 5-15 是转速微小变化后 0.8 倍频振动频率随转速的变化。

表 5-15　0.8 倍频振动频率随转速的变化

转子基频/Hz	0.8 倍频振动频率/Hz	$f_{0.8}/f_1$
219.0	178.3	0.814
223.8	181.5	0.810
225.5	182.3	0.810

最后，用二维全息谱对 0.8 倍频的振动特性进行分析，图 5-50 是高压缸转于振动的二维全息谱，从二维全息谱上可以看到，0.8 倍频振动的轨迹是一个椭圆，与基频振动的轨迹相类似，这说明引起转子以 0.8 倍频振动的激振力是一个旋转力，类似于不平衡力所引起的振动。此外，0.8 倍频振动分量的涡动方向与转子旋转方向相反。

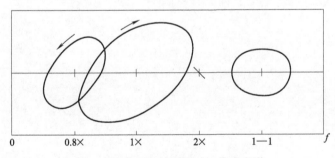

图 5-50　高压缸转子振动二维全息谱

通过上面几种方法的分析，说明二氧化碳压缩机高压缸转子 0.8 倍频振动主要有下列特点：

ⅰ.只有当压缩机达到一定的负荷及一定转速的情况下，才产生 0.8 倍频振动；

ⅱ.其振动频率随转速的升高而增加，但并不成线性关系；

ⅲ.0.8 倍额的振动伴随着一个 0.2 倍频的振动，两者振动频率之和恰好是转子的回转频率；

ⅳ.引起 0.8 倍频振动的激振力是一个旋转力，类似于不平衡力引起的转子振动；

V. 0.8 倍频振动的涡动方向与转子旋转方向相反。

上面分析所得出的 0.8 倍频振动的特征与转子旋转脱离引起的振动比较吻合。旋转脱离是由于气体流量不足等原因引起，气体不能按设计的合理角度进入叶轮或者扩压器，造成叶轮内出现气体脱离团。这些气体脱离团，以与叶轮转动方向相反的方向在通道间传播，造成旋转脱离。当气体脱离团以角速度 ω 在叶轮中传播，方向与转子旋转方向相反时，对转子的激振频率为 $\Omega - \omega$ 和 ω，其中 Ω 表示转子回转频率。因此，旋转脱离引起对转子的作用力表现为 $\Omega - \omega$ 和 ω 两个频率成分，反映在谱图上就出现了两个振动频率之和等于旋转频率的振动分量，而在二维全息谱上表现为与旋转方向相反的圆或椭圆。所以认为引起 0.8 倍频振动的最大可能是旋转脱离。

为了进一步说明问题，查找了二氧化碳压缩机组高压缸转于在刚投入运行以及近几年的运行记录和振动频谱，也都发现 0.8 倍频振动分量的存在。所以旋转脱离引起 0.8 倍频的振动，压缩机制造上的缺陷是引起旋转脱离的主要原因之一。

第6章 在线监测与智能诊断

大型旋转机械如压缩机、汽轮机、发电机组等都是核心设备，一旦发生故障将导致整个工厂停产，甚至造成生命财产损失。为保证安全，企业广泛采用在线监测及故障诊断系统对这些关键设备进行实时监测和故障诊断。日新月异的计算机、传感器、人工智能等技术给设备的在线监测和智能诊断带来了巨大进步，本章将介绍一些常用的在线监测和智能诊断技术。

6.1 在线监测技术

6.1.1 在线监测技术概述

在线监测技术以现代科学中系统论、控制论、信息论等为理论基础，以传感器、仪器仪表和计算机为技术手段，结合具体监测对象的特殊性，有针对性地对运行参数进行连续监测，实时地显示和记录设备的运行状态，对设备的异常状态做出报警，为故障诊断提供基础。

6.1.2 在线监测系统的组成及功能

在线监测系统主要包括单机系统和分布式集散系统两大类，随着工业生产的大型化和计算机网络技术的发展和应用，基于计算机网络的分布式系统以及远程诊断系统已成为监测和诊断系统的主流。

（1）单机系统

单机系统指以一台计算机（微机）为主体的监测与诊断系统，通常拥有较强的多通道在线监测、分析和诊断功能。在硬件上，配备有较高性能的计算机和性能优良的、稳定可靠的前端数据采集和监测装置，拥有较大的存储容量和较快的计算处理速度，有的还会专门配置一台 FFT 频谱仪来提高信号的处理能力；在软件上，具有常规的信号处理、信号特征提取、状态分类、趋势分析及报告生成、数据库管理等多方面的功能，常用于单一设备的在线监测。

（2）分布式集散系统

对于一些大型工厂，通常拥有多台关键设备需要同时在线监测，为了达到分散数据采集、集中处理、统一调度的目的，一般可采用多台计算机分级管理，并通过计算机网络将主计算机与辅助计算机以及各个监测点联系起来，形成分布式的监测与诊断系统。主计算机负责整个系统的管理和控制工作，并担任诊断分析任务，而辅助计算机则承担所有测点的数据采集、信号处理和超限报警等工作，有时也承担一些简易的分析和诊断。图 6-1 给出两种不同拓扑结构的分布式集散系统，在工厂中这种监测系统常常和控制系统结合在一起使用。

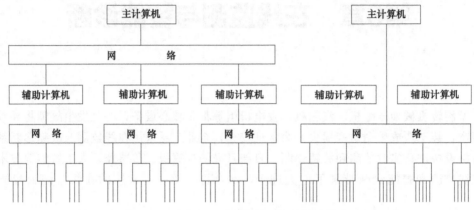

图 6-1　分布式监测与诊断系统的拓扑结构

6.1.3　典型在线监测系统简介

6.1.3.1　海上大功率风电机组在线监测系统

风力发电作为清洁能源的一种形式，得到了许多国家的重视。由于海上风力资源丰富，具有发电量大、发电时间长、发电稳定、无噪声限制、不占用土地、可大规模开发等优点，大力开发海上风电成为风电行业发展的新趋势。

目前，海上风力发电机组运维形势比陆上风电机组更为严峻，对于陆上机组而言，人员及车辆较容易到达机位，所携带的备件通过车辆就能运达，即使需要更换大部件，吊车也能毫无阻力地到达现场进行工作。而海上风力发电机组则恰恰相反，海上风电开发形式主要以潮间带为主，少部分技术能力较强的厂家开始走向远海。如果遇到持续恶劣天气、台风等不可抗力因素，可能导致现场长时间无法登陆作业，故障停机无法及时处理，大大降低机组的可利用率，降低发电量。如果需要更换大部件，甚至需要提前几个月选择合适的航道，选择合适的船只，预定船只的档期，订购相关部件，制订维修计划，工作量数倍于陆上机组部件更换工作量，一项大部件更换工作可能持续数周甚至数月。基于这种情况，海上风力发电机组的在线监测与故障诊断就显得尤为迫切。同时，近年来，随着风力发电机组发电容量越来越大，机组传动链大部件尺寸也越来越大，一旦出现缺陷，将面临巨大的经济损失，因此对风力发电机组传动链进行实时状态监测及故障诊断变得越来越重要。由于机组的很多故障往往都是由振动表现出来的，通过监测振动，分析故障特征，能有效地诊断出故障，而且振动传感器可实时监测所有关键点的振动，所以风力发电机组的振动监测与故障诊断系统已被广泛应用。

当前，安装有振动监控系统的机组能够实时监测机组的振动变化，采集各种数据，供振动分析工程师进行设备故障诊断，通过振动监控系统，能够达到如下目的：

ⅰ.对风力发电机组传动链部件做出故障识别及诊断，通过停机保护等动作预防或消除机组存在的各种故障，对设备安全可靠运行进行必要的指导；

ⅱ.保证设备发挥最大的设计能力，制定合理的监测维修制度，以便在允许的条件下充分挖掘风力发电机组的潜力，延长机组设备的服役期限和使用寿命，降低设备全生命周期的费用；

ⅲ.通过检测监视、故障分析、性能评估等，为设备结构修改、优化设计、合理制造及生产过程提供数据和信息。

海上风电由于其独特的资源优势，在未来一段时间内，其快速发展的势头仍将继续，对远程健康监控技术及智能化技术的要求也更加迫切。海上风电远程监控技术要点包括以下几点。

(1) 海上风电机组状态健康信息采集

状态健康信息的获取需要通过在风电机组各个关键部件上布置传感器来实现。由于不同部件的动力学特性不同，故障情况下的特征不同，因此，需要布置不同类型的传感器，才能够有效提取反映部件故障的特征量。

(2) 海上风电机组状态信息传输

所采集到的风电机组状态健康信息，需要通过可靠的信息传输网络传递给机组主控计算机，即就地监控系统的通信。有些情况下，风电机组主控计算机还要将状态信息传递给中央监控系统甚至是远程监控系统。就地监控、中央监控、远程监控 3 个部分之间的信息交互也需要可靠的通信网络来实现。

(3) 海上风电机组状态故障诊断

风电机组故障诊断技术是通过掌握风电机组运行过程中的状态，判断其整体或局部部件是否正常，尽早发现故障及其原因并预报故障发展趋势的技术。根据现有研究成果，可将风电机组故障诊断方法划分为经典方法、数学方法、智能方法。经典方法包括振动监测、油液分析、红外测温、应变测量、声发射技术、噪声检测及无损检测等；数学方法包括数据挖掘、解调分析、小波分析等；智能方法包括：灰色预测、模糊逻辑、神经网络等。

(4) 海上风电机组状态控制方法

通过对风电机组的状态进行实时控制和调节，来实现风电机组的优化运行与风电并网的安全性。未来风电控制技术在保证风电控制系统快速、稳定、精确的基础上，还需要综合考虑系统指标、载荷状况、控制成本等问题。

(5) 风电机组状态运行成本分析

构建状态监控系统会增加风电场的建设成本，但通过监控系统的实时监控，可将风电机组大量的矫正性维护转变为预防性维护，避免严重故障的发生，从而降低风电场的维护费用。

6.1.3.2　重型燃气轮机在线监测系统

集成式的整体煤气化联合循环发电系统健康状态管理的重点监控任务及功能：

ⅰ.高温、高压燃气参数监控（主要涉及传感器核心技术）；

ⅱ.系统关键部件的腐蚀与老化监控，寿命损耗与评估；

ⅲ.高温燃烧引起的 NO_x 排放量监控；

ⅳ.燃气轮机、余热锅炉、IGCC 汽轮机、关键设备和重要辅机的整体运行状态监控。

(1) 在线实时故障诊断和健康管理技术

随着电子信息技术的发展，重型燃气轮机控制系统硬件的运算能力得到了大幅提升，控制系统正在从过去单纯的控制系统模块自诊断向覆盖整个燃气轮机关键部件乃至整个联合循环 GCC 机组的在线实时故障诊断和健康管理方向发展，有望结合先进的测量技术，利用遍布本体和辅机系统的传感器网络来监测部件腐蚀、振动、叶片健康和润滑油质量等参数。比如三菱公司研发的远程状态监测系统，就可以通过传感器测量数据来检测关键部件的早期故障；又如通过叶片通道温度的趋势模式识别来间接监测燃烧室故障，从而为电力企业提供维修建议。总的来说，燃气轮机的在线实时故障诊断和健康管理，综合了状态监测、故障诊断、寿命管理和建模技术，涉及先进的测量、热力性能分析及预测、寿命分析、振动分析等诸多技术，其技术的完善和改进面临着巨大的挑战。

(2) 远程网络控制技术

随着计算机技术尤其是网络技术的广泛应用，将其与现有的分布式控制系统（Distributed Control System，DCS）技术相结合，通过互联网将燃气轮机运行状况传送到专家诊断系统，实现全球化的远程调试、控制和诊断，已经成为控制系统的一个重要发展方向。比如 GE 公司本部的技术人员可以远程监测燃气轮机燃烧系统的运行状况，必要时提供远程燃烧调整等技术支持。远程网络控制技术面临的一个重要问题就是网络传输过程中数据包的丢失问题，如何保证在不间断的数据包丢失过程中，仍能保持燃气轮机控制系统的有效性和可靠性，是一个重要的技术难题，也是下一代控制系统从远程监测到远程控制的关键技术。

(3) 智能传感器和执行机构技术

重型燃气轮机控制系统都采用分布式控制结构，而对于电厂的整个联合循环系统来说，还存在汽轮机、余热锅炉、辅机等设备的控制系统。在运行过程中，多套控制系统之间需要通过硬接线、通信接口来实现数据交换。此外，传感器、执行机构通常与控制器相距很远，也需要用双绞线或三绞线连接。随着未来重型燃气轮机的测点和调节部件的不断增加，整个控制系统的通讯负担也将不断增加，整个系统将变得越来越复杂，同时也将增加燃气轮机的控制系统在研制、维护和后勤保障方面的成本。另一方面，在目前的控制系统中，燃气轮机和辅机的监测功能占据燃气轮机控制系统控制逻辑的 60% 以上，因此，大力发展智能传感器和智能执行机构，大量采用机内测试（built-in test，BIT）技术，实现传感器和执行机构监控和数据处理的本地化，只将最重要的控制所需的测量数据传回中央处理器，就可以大量减少控制系统的总线通信量，有利于整个控制系统的精简，也有利于减少设计、生产、装配和试验的成本。

6.1.3.3 旋转机械在线监测系统

某旋转机械在线监测系统主要由现场监测装置、中心服务器及 LAN 网络组成，其结构图如图 6-2 所示。现场数据采集和监测分站安装在控制室或操作间，用于大型旋转机械的监测可从振动表获得振动原始缓冲输出信号或直接从振动传感器端获得原始振动信号，进行信号的调理、采集，进行监测，存储起停机数据等有用数据，生成丰富的专业诊断图谱，并进行网络通信。中心服务器安装在企业局域网上的任一地方，进行数据的存储与管理、数据的网上传输与发布，负责对网络的设置与管理，以及其他的信息管理。诊断维护人员可以通过现场、局域网或电话拨号等方式随时随地查看机组运行信息。

该系统功能特点有以下几方面。

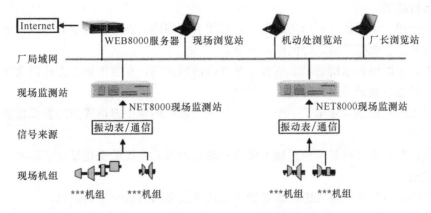

图 6-2　旋转机械在线监测系统结构图

(1) 数据的长期存储与管理

采用大型 SQL 关系型数据仓库，可以存储和管理机组长达十年的运行数据，并且拥有冗余备份功能，保障数据存储安全。

(2) 强大的基于 B/S 结构的数据传输功能

ⅰ.设备信息的 Internet 接入和网络信息共享技术成本低。

ⅱ.实现数据交换，将系统设置信息下载，并获取实时数据、历史数据以及启停机数据。其中，实时数据根据客户端请求进行即时分发，其目的是最大程度降低网络传输的负担，从而达到网络资源的有效利用，而历史数据和启停机数据直接写入数据库。

ⅲ.针对具备上网条件的用户，可以接入到最终用户局域网，再通过最终用户的网关或代理服务器，将数据上传到远程中心服务器。

ⅳ.针对不具备上网条件的用户，可以通过 GPRS 或拨号上网方式，将数据上传到远程中心。

(3) 系统管理与设置

系统管理：可以管理多个振动-轴位移信号、硬连线慢变信号、通信方式慢变信号等，并保证通信不会发生阻塞现象。

系统设置：可以对下属进行设置，包括各分站名称、IP 地址的设置，机组名称、键相、振动、工艺量的设置等，同时把设置信息下传到各分站。

用户及其级别设置：可以设置浏览用户、一般用户、管理员用户等级别，不同级别用户，需不同的授权密码，才能进行相关的数据浏览、系统设置与维护，使得 WEB 访问具有密码保护。

(4) 强大的专业分析图谱和诊断功能

该系统强大的分析功能主要是通过丰富的专业图谱来实现的，下面将其分成常规图谱和启停机图谱。

① 常规图谱

总貌图：显示系统所监测的机组结构、测点分布以及这些测点数值的实时变化情况。

单值棒图：该图谱以单棒的形式显示测点振动的大小，并在单棒上侧显示机组运行状态、数据类型、时间及转速。

多值棒图：该图谱以多棒的形式显示振动测点各个特征值、机组转速、数据类型、时间、机组运行状态。

波形频谱图：该图谱显示所选通道的波形图和频谱图，在谱图的上方还以文字的信息显示机组运行状态、数据类型、时间以及转速。

频谱图：该图谱显示所选轴承所含 2 个通道的频谱图，在谱图的上方还以文字的信息显示机组运行状态、数据类型、时间以及转速。

轴心轨迹图：该图谱显示了一个机组下的一个轴承的两个振动通道的特征值波形和合成轨迹。

轴心位置图：该图谱显示所选轴承的转子轴心位置，曲线的变化反映了轴心的波动和转子的运行状态。

全息谱图：给出了选定机组的选定轴承的两个振动通道的全息谱信息。

② 启停机图谱

转速时间图：显示机组启停机过程转速随时间的变化图。

奈奎斯特图：以矢量方式显示选定机组的选定振动通道的 1 倍频或 2 倍频矢量的矢端在启停机过程中的变化情况，其径向表示幅值的大小，径向和 X 轴夹角表示相位。

伯德图：显示机组在启停机过程中振动通道的特征值随转速的变化趋势，可以方便地判断机组的临界转速。

频谱瀑布图：显示机组在某一段时间内振动通道各频率成分的大小随时间的变化趋势，是一段时间内连续测得的一组频谱图顺序组成的三维谱图。

级联图：显示机组在启停机过程中振动通道各频率成分的大小随转速的变化趋势，是启停机过程中不同转速下测得的一组频谱图按转速顺序组成的三维谱图。

6.2 专家系统及智能诊断

6.2.1 专家系统及其在故障诊断中的应用

6.2.1.1 专家系统基本概念

专家系统是人工智能研究学科的一个重要研究领域，也是其最成功、实用性最强的一个领域之一，但目前尚无精确的、全面的、公认的定义。一般认为：专家系统是一种具有专门知识与经验的智能程序系统，它能运用专家多年积累的经验和专门知识，模拟专家的思维过程，解决该领域中需要专家才能解决的复杂问题。

由此也可以看出，专家系统并不代表某一种产品，而是表示一整套概念、过程和技术，这些概念、过程和技术能够帮助人们充分利用计算机有效地解决实际问题，故可以说专家系统是一种基于知识的人工智能诊断系统。它的实质是应用大量人类专家的知识和推理方法去求解复杂的实际问题的一种人工智能计算机程序。

6.2.1.2 专家系统的基本结构和功能

专家系统是一类包含知识和推理的智能计算机程序，这种智能程序与传统的计算机应用程序有着本质的不同。在专家系统中，求解问题的知识不再隐含在程序和数据结构中，而是单独构成一个知识库。这种分离为问题的求解带来极大的便利性和灵活性，专家的知识用分离的知识单元进行描述，每一个知识单元描述一个比较具体的情况，以及在该情况下应采取的措施，专家系统总体上提供一种推理机制。这种推理机制可以根据不同的处理对象，从知识库选取不同的知识元构成不同的求解序列，或者说生成不同的应用程序，以完成某一任务。一旦专家系统建成，就可应对本专业领域中各种不同的情况，具有很强的适应性和灵活性。专家系统一般有 7 个组成部分：知识库、数据库、推理机、学习系统、上下文、征兆提取器和解释器，如图 6-3 所示。

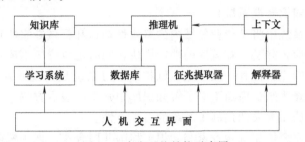

图 6-3　专家系统结构示意图

(1) 知识库

知识库（规则基）是专家系统的核心之一，其主要功能是存储和管理专家系统中的知识，它是专家知识、经验与书本知识、常识的存储器。专家的知识包括理论知识、实际知识、实验知识和规则等，主要可分为两类：

ⅰ.相关领域中的公开性知识，包括领域中的定义、事实和理论在内，这些知识通常收录在相关学术著作和教科书中；

ⅱ.领域专家的个人知识，它们是领域专家在长期实践中所获得的一些实践经验，其中很多知识被称为启发性的知识，正是这些启发性知识，使得领域专家在关键时刻能做出训练有素的猜测，辨别出有希望的解题途径，从而有效地处理错误或不完全的信息数据。领域中事实性数据及启发性知识等一起构成专家系统中的知识库。知识库的结构形式取决于所采用的知识表示方式，常用的有：逻辑表示、语言表示、规则表示、框架表示和子程序表示等。用产生式规则表达方法是目前专家系统中应用最普遍的一种方法。它不仅可以表达事实，而且可以附上置信度因子来表示这种事实的可信程度，因此，专家系统是一种非精确推理系统。

(2) 数据库

数据库也称综合数据库、全局数据库、工作存储器等。数据库是专家系统中用于存放反映当前状态事实数据的场所。这些数据包括工作过程中所需领域或问题的初始数据、系统推理过程中得到的中间结果、最终结果和控制运行的一些描述信息，它是在系统运行期间产生和变化的，所以数据库是一个不断变化的"动态"数据库。

数据库的表示和组织，通常与知识库中知识的表示和组织相容或一致，以使推理机能方便地去使用知识库中的知识、数据库中描述的问题和表达当前状态的特征数据，以求解问题。专家系统数据库必须满足：

ⅰ.可被所有的规则访问；

ⅱ.没有局部的数据库是特别属于某些规则的；

ⅲ.规则之间的联系只有通过数据库才能发生。

(3) 推理机

专家系统中的推理机实际上也是一组计算机程序，是专家系统的"思维"机构，是构成专家系统的核心部分之一，其主要功能是协调控制整个系统，模拟领域专家的思维过程，控制并执行对问题的求解。它能根据当前已知的事实，利用知识库中的知识，按一定的推理方法和控制策略进行推理，求得问题的答案或证明某个假设的正确性。知识库和推理机构成了专家系统的基本框架。同时，这两部分又相辅相成、密切相关。因为不同的知识表示有不同的推理方式，所以，推理机的推理方式和工作效率不仅与推理机本身的算法有关，还与知识库中的知识以及知识库的组织有关。

（4）学习系统（知识获取系统）

学习系统是专家系统中将某专业领域内的事实性知识和领域专家所特有的经验性知识转化为计算机可利用的形式并送入知识库的功能模块，同时也负责知识库中知识的修改、删除和更新，并对知识库的完整性和一致性进行维护。学习系统是实现系统灵活性的主要部分，它使得领域专家可以修改知识库而不必了解知识库中知识的表示方法、知识库的组织结构等实现上的细节问题，从而大大地提高了系统的可扩充性。

早期的专家系统完全依靠领域专家和知识工程师共同合作，把领域内的知识总结归纳出来，规范化后输入知识库。此外对知识库的修改和扩充也是在系统的调试和验证过程中人工进行的，这往往需要领域专家和知识工程师的长期合作，并要付出辛苦的劳动。

目前，一些专家系统已经或多或少地具备了自动知识获取的功能。自动知识获取包括两个方面：ⅰ外部知识的获取，即通过向专家提问，以接受教导的方式接受专家的知识，然后把它转换成内部表示形式存入知识库；ⅱ内部知识获取，即系统在运行中不断地从错误和失败中归纳总结经验教训，并修改和扩充自己的知识库。因此，知识获取实质上是一个机器学习的问题，也是专家系统开发研究中的瓶颈问题。

（5）上下文

上下文即存放中间结果的地方，给推理机提供一个笔记本记录，指导推理机工作，其功能相当于一个工作过程的"记录黑板"，可以擦除和重写。

（6）征兆提取器

在故障诊断领域，征兆通常是采取人机交互方式，由人机交互接口送入系统中。显而易见，人机交互容易产生因人而异的弊端，同一个专家系统，因操作者水平不同会产生不同的结果。

故障诊断准确的前提是故障征兆正确。故障征兆的识别不仅重要而且难度较大，因为现代设备的动态信号不仅包含有随机因素、混沌因素等，还常常存在并发故障的复合因素。因此，故障征兆的自动识别是故障诊断专家系统必不可少的一个组成部分。征兆的全自动识别有一种较简单实用的方法，就是特征参数计算。比如，在对正弦波形的识别中，可以用被识别波形与正弦波形的相似系数作为识别的特征参数进行识别。

（7）解释器

解释器可对推理路线和提问的含义给出必要的清晰的解释，为用户了解推理过程以及维护提供方便的手段，便于使用和调试软件，并增强用户的信任感。透明性是对专家系统性能的进行衡量指标之一。透明性就是专家系统能告诉用户自己是如何得出此结论的，根据是什么。解释的目的是让用户相信自己，它可以随时回答用户提出的各种问题，包括与系统推理有关的问题和与系统推理无关的系统自身的问题。

6.2.1.3 设备故障诊断专家系统

专家系统在设备故障诊断领域应用非常广泛，目前已成功推出的有旋转机械故障诊断专家系统、往复机械故障诊断专家系统、发电机组故障诊断专家系统、汽车发动机故障诊断专家系统。设备故障诊断专家系统除具备专家系统的一般结构外，还具有自己的特有部分，其结构框图如图 6-4 所示。

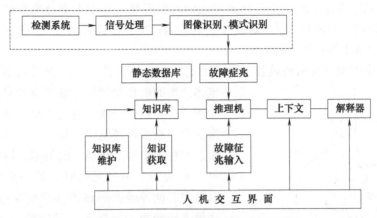

图 6-4　设备故障诊断专家系统结构简图

图 6-4 中虚线框中的检测部分是故障诊断专家系统特有部分，机械设计专家系统就可以不包括这部分。对于设备故障诊断而言，征兆正确是诊断正确的前提，因此，监测系统的设计安装、信号分析与数据处理，专家系统的数据传递和征兆的自动获取都是故障诊断专家系统的重要内容。

6.2.2　设备故障的神经网络诊断技术

人工神经网络是为了模仿人脑的生理结构和工作方式而构造的一种信息处理系统。目前神经网络已应用于智能控制、信号分类、模式识别、自适应信号处理、目标识别等众多领域，并取得了很大的进展。

神经网络在故障诊断领域的应用主要集中于三个方面：一是从模式识别角度应用神经网络作为分类器进行故障诊断；二是从预测角度应用神经网络作为动态预测模型进行故障预测；三是从知识处理角度建立基于神经网络的诊断专家系统。本节主要介绍基于神经网络的诊断专家系统。

6.2.2.1　神经网络的基本原理

（1）生物神经元模型

人脑中神经元的形态不尽相同，功能也有差异，但从组成结构来看，各种神经元是有共性的。图 6-5 给出一个典型神经元的基本结构和与其他神经元发生连接的简化示意图。神经元在结构上由细胞体、树突、轴突和突触 4 部分组成。

① 细胞体　细胞体是神经元的主体，由细胞核、细胞质和细胞膜三部分构成。细胞核占据细胞体的很大一部分，进行着呼吸和新陈代

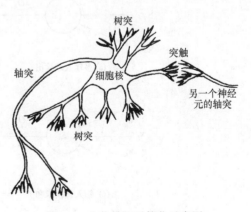

图 6-5　生物神经元简化示意图

谢等许多生化过程。细胞体的外部是细胞膜，将膜内外细胞液分开。由于细胞膜对细胞液中的不同离子具有不同的通透性，使得膜内外存在着离子浓度差，从而出现内负外正的静息电位。

② 树突　从细胞体向外延伸出许多突起的神经纤维，其中大部分突起较短，其分支多群集在细胞体附近，形成灌木丛状，这些突起称为树突。神经元靠树突接受来自其他神经元的输入信号，相当于细胞体的输入端。

③ 轴突　由细胞体伸出的最长的一条突起称为轴突。轴突比树突长而细，用来输出细胞体产生的电化学信号。轴突也称神经纤维，其分支倾向于在神经纤维终端处长出，这些细的分支称为轴突末梢或神经末梢。每一条神经末梢可以向四面八方传出信号，相当于细胞体的输出端。

④ 突触　神经元之间通过一个神经元的轴突末梢和其他神经元的细胞体或树突进行通信连接，这种连接相当于神经元之间的输入/输出接口，称为突触。突触包括突触前、突触间隙和突触后三部分。突触前是第一个神经元的轴突末梢部分，突触后是指第二个神经元的树突或细胞体等受体表面。

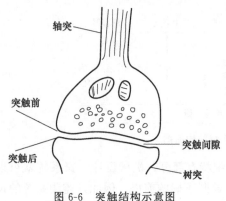

图 6-6　突触结构示意图

突触在轴突末梢与其他神经元的受体表面相接触的地方有 15～50nm 的间隙，称为突触间隙，在电学上把两者断开，如图 6-6 所示。每个神经元大约有 10^3～10^5 个突触，多个神经元以突触连接即形成神经网络。

(2) 人工神经元模型

人工神经元模型是根据生物神经元模型的原理进行设计的，如图 6-7（a）所示。正如生物神经元有许多激励输入一样，人工神经元也应该有许多的输入信号（图中每个输入的大小用确定数值 x_i 表示），它们同时输入神经元 j。生物神经元具有不同的突触性质和突触强度，其对输入的影响是使有些输入在神经元产生脉冲输出过程中所起的作用比另外一些输入更为重要。图 6-7（b）中，神经元的每一个输入都有一个加权系数 w_{ij}，称为权重值，其正负模拟了生物神经元中突触的兴奋和抑制，其大小则代表了突触的不同连接强度。作为人工

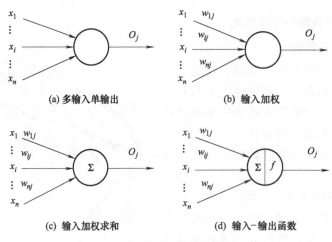

(a) 多输入单输出　　　　　　　　(b) 输入加权

(c) 输入加权求和　　　　　　　　(d) 输入-输出函数

图 6-7　神经元模型示意图

神经网络的基本处理单元，必须对全部输入信号进行整合，以确定各类输入的作用总效果。图 6-7(c) 表示组合输入信号的"总和值"，对应于生物神经元的膜电位。神经元激活与否取决于某一阈值电平，即只有当其输入总和超过阈值时，神经元才被激活而产生脉冲，否则神经元不会产生输出信号。人工神经元的输出也同生物神经元一样仅有一个，如用 o_j 表示神经元输出，则输出与输入之间的对应关系可用图 6-7(d) 中的某种函数来表示，这种函数一般都是非线性的。

6.2.2.2　人工神经网络的拓扑结构

(1) 前馈型网络

单纯前馈型网络的结构特点与图 6-8 中所示的分层网络完全相同，前馈是因网络信息处理的方向是从输入层到各隐层再到输出层逐层进行而得名。从信息处理能力看，网络中的节点可分为两种：一种是输入节点，只负责从外界引入信息后向前传递给第一隐层；另一种是具有处理能力的节点，包括各隐层和输出层节点。前馈网络中某一层的输出是下一层的输入，信息的处理具有逐层传递进行的方向性，一般不存在反馈环路。因此这类网络很容易串联起来建立多层前馈网络。

多层前馈网络可用一个有向无环路的图表示，其中输入层常记为网络的第一层，第一个隐层记为网络的第二层，其余类推。所以，当提到具有单层计算神经元的网络时，指的应是一个两层前馈网络（输入层和输出层），当提到具有单隐层的网络时，指的应是一个三层前馈网络（输入层、隐层和输出层）。

(2) 反馈型网络

单纯反馈型网络中所有节点都具有信息处理功能，而且每个节点既可以从外界接收输入，同时又可以向外界输出。单纯全互联结构网络是一种典型的反馈型网络，如图 6-9 所示。

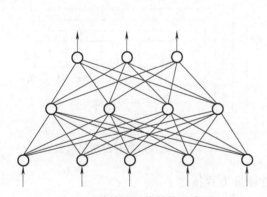

图 6-8　前馈型网络结构示意图

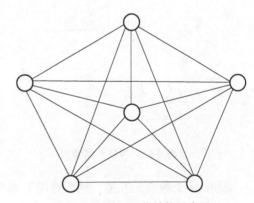

图 6-9　反馈型网络结构示意图

以上介绍的结构形式和信息流向只是对目前常见的网络结构的概括和抽象。实际应用的神经网络可能同时兼有其中一种或几种形式。例如，从连接形式看，层次网络中可能出现局部的互联；从信息流向看，前馈网络中可能出现局部反馈。神经网络的拓扑结构是决定神经网络特性的第二大要素，其特点可归纳为分布式存储记忆与分布式信息处理、高度互连、高度并行和结构可塑。

6.2.2.3　故障诊断系统常用神经网络介绍

在故障诊断领域常用的神经网络有三种：BP 网络、Hopfield 网络和 BAM 网络。BP 网

络具有模式分类能力，相当于一个静态系统；Hopfield 网络具有良好的动力学行为；BAM
网络具有双向联想记忆功能，因而在机械故障诊断领域得到应用。

(1) BP 网络

BP 网络又称为误差反向传播神经网络，其结构如图 6-10 所示。该网络为单向网络，网
络分为不同层次的节点集合，每一层节点输出送入下一层节点，本层节点之间没有连接。上

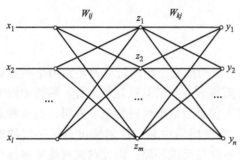

图 6-10 BP 网络结构示意图

层输出的节点值被连接权值放大、衰减或抑制。除了输入层外，每一节点的输入为前一层所有节点输出值的加权和。

网络的训练学习过程由两部分组成：前向计算和误差反向传播计算。在正向传播过程中，输入信息从输入层经隐层逐层处理并传向输出层，每一层神经元的状态仅影响下一层的神经元状态，如果在输出层得不到期望的输出，则将误差反向传入网络，并向输入层传播，通过修改各层神经元的状态权值，使得误差信号最小。

(2) Hopfield 网络

BP 网络是非循环静态网络，不具有联想记忆功能。人的大脑具有联想、实时及大规模
协同作用等特点，1984 年 Hopfield 提出了神经元模型（图 6-11）及连续时间神经网络模型
（图 6-12）。

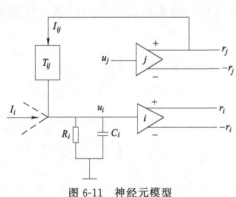

图 6-11 神经元模型

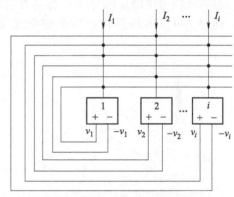

图 6-12 连续时间神经网络模型

设有 N 个神经元互连，则它可用下述非线性微分方程描述

$$\begin{cases} C_i \dfrac{\mathrm{d}u_i}{\mathrm{d}t} = \sum_{j=1}^{N} T_{ij} v_{ij} - \dfrac{u_i}{R_i} + I_i \\ v_i = f(u_i) \end{cases} \tag{6-1}$$

式中，$1/R_i = \theta_i + \sum_{j=1}^{N} T_{ij}$ ，且

$$T_{ij} = T_{ji}, T_{ii} = 0 \tag{6-2}$$

为了分析 Hopfield 网络的基本特征，通常定义式（6-2）的计算能量函数为

$$E = -\frac{1}{2} \sum_{i=1}^{N} \sum_{j=1}^{N} T_{ij} v_i v_j - \sum_{j=1}^{N} v_i I_i + \sum_{i=1}^{N} \frac{1}{R} \int_{0}^{v_i} f^{-1} \mathrm{d}v \tag{6-3}$$

那么可得网络系统运动方程为

$$\frac{\mathrm{d}E}{\mathrm{d}t}\leqslant 0 \tag{6-4}$$

其中，仅当 $\frac{\mathrm{d}u_i}{\mathrm{d}t}=0$ 时，$\frac{\mathrm{d}E}{\mathrm{d}t}=0$。

网络系统运动方程表明：该网络收敛于计算能量函数极小点，且网络处于稳定时神经元也处于稳定状态。若从系统论角度看，式（6-1）所定义的 Hopfield 网络可以成一个由许多子系统耦合组成的大系统。Hopfield 网络的特点是具有良好的稳定性，即网络通过动态演化必将达到稳定。

(3) BAM 网络

离散 BAM 网络和 Hopfield 网络一样，都属于反馈网络，因具有良好的动力学行为而用于联想记忆。从映射角度看，Hopfield 网络的联想记忆（AM）实质上是完成一个输入向量 $A_k \in R^n$ 到一个相关输出向量 $B_k \in R^m$ 的映射。而 BAM 神经网络是这样一个联想记忆：它使用前向和反向双向搜索，以从一个输入对 (A,B) 得到一相关的双极性向量对 (A_k,B_k)。这里双极性是指 A 和 B 的每一分量都属于集合 $\{-1,1\}$，即 $A \in \{-1,1\}^n$，$B \in \{-1,1\}^m$。BAM 网络可用图 6-13 所示的两层网络描述。BAM 网络的特点是具有良好的容错性和鲁棒性，是实现故障隔离的优良网络模型。

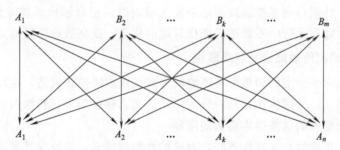

图 6-13　BAM 网络拓扑结构

6.2.2.4　神经网络故障诊断技术

(1) 人工神经网络故障诊断系统的知识表达

人类所拥有知识，只有用适当的方法表达出来，才能在计算机或智能机器中存储、检索、运用、增删和修改。所谓知识的表达方法，实际上就是描述知识和组织知识的规则符号、形式语言和网络图等。神经网络把知识变换成为网络的权值和阈值，并分布存储在整个神经网络之中。在确定了神经网络的结构参数、神经元特性和学习算法之后，神经网络的知识表达是与它的知识获取过程同时进行、同时完成的。当神经网络在训练（知识获取）结束时，神经网络系统所获取的知识就表达为网络权值矩阵和阈值矩阵。

(2) 人工神经网络系统的推理过程

人工神经网络系统是用一种并行计算的方式来完成其推理过程的，将征兆输入模式样本 $(x_1,x_2,\cdots,x_n)$ 输入到神经网络输入层，经过并行前向计算，可以得出输出层的输出 $(y_1,y_2,\cdots,y_n)$，这就是所得出的故障类型。

由于神经网络同一层的各个神经元之间完全是并行的关系，而同一层内神经元的数目远大于层数，因此从整体上看，它是一种并行的推理。从上述推理过程中还可以看到，神经网络专家系统的推理过程只与神经网络自身的参数有关，所以传统专家系统推理过程中的冲突问题在此已经不存在了。同一层内神经元又是以并行的方式进行工作的，而层与层之间是串行工作的。因此，神经网络专家系统的推理效率要比传统专家系统的推理效率高得多。

（3）人工神经网络系统的学习能力

机器学习是使计算机具有智能的根本途径，一台计算机如果不会学习就不能称其为具有智能。神经网络独有的特点之一是具有良好的自学习功能，这就为系统性能的提高和实用性的增强提供了基础。

系统的自学习过程也是系统知识再次获取的过程，通过系统不断地学习，使其性能不断地提高。根据样本的来源不同，系统的学习可分为以下三种：

ⅰ.正常样本的自学习，一般在进行样本训练时首先要对机组进行测试，以判断其有无故障发生。如果在很长一段时间内机组工况一直处于正常状态，就可以把这段时间内的工况总结生成为样本，并利用这些样本来训练网络，直到满足要求为止。所有这些过程可以自动进行，也可以采用人机交互的形式完成。

ⅱ.故障样本的自学习，如果在诊断实测数据的过程中发现含有故障信息，并确认这些故障信息存在时，可以按照正常样本自学习中的方法对这些故障样本进行学习。

ⅲ.外部编译样本的自学习是用户根据专家经验和机组运行情况等构造学习样本，当然这对于不熟悉样本构造的用户有一定难度，一般仅为程序编制者使用。

以上几部分，特别是当系统的诊断结果发生错误时，更显示出系统重新学习的重要性，只有这样，系统才能在运行中不断适应周围环境的变化，提高故障诊断能力。

6.2.2.5 神经网络故障诊断的局限性

人工神经网络对于给定的训练样本能够较好地实现故障模式表达，也可以形成所要求的决策分类区域。然而，任何事物都是一分为二的，它也存在如下一些缺点。

（1）性能受所选择的训练样本集数的限制

如果训练样本正交性和完备性不好，系统的性能就较差，系统设计者不能从根本上保证能得到正交、完备的训练集。特别是当训练样本较少时，无论什么样的网络也仅仅只能起到记忆这些样本的作用。

（2）透明性差

人工神经网络故障诊断属于智能诊断的范畴，既然具有智能就应该能解释和回答用户的问题，可网络系统却无能为力，它就像一个"黑匣子"，用户仅能看到其输入和输出，中间的分析和演绎过程对用户是不透明的。

（3）对知识的表达和利用不完善、不全面

神经网络将一切知识均变为数字，把推理过程演变为数值计算，这样处理，人类的智能过于僵化了，因为并非一切思维都可以用数字来表达，如果仅用数字来表达一切，必然会失去一些信息。

因此，人工神经网络只有和专家系统结合，才能使故障诊断技术使人类智能模拟深度产生新的飞跃。

6.2.3 设备故障的模糊诊断技术

把模糊数学和可靠性理论相结合的模糊故障诊断法源于 20 世纪 80 年代，是因某些设备状态的随机性或者获取信息的不完整而出现的。该方法以模糊数学为理论依据，将故障征兆隶属度向量和模糊矩阵按照某一模型进行合成计算，得到故障原因隶属度向量，该向量显示了引起本系统故障原因的比重，占比重越大，引起设备产生该故障的概率也越大。

模糊性是由于事物在质上没有确定的含义，在量上没有明确的界限，造成事物呈现亦此亦彼的现象，因此，模糊性是事物划分上的一种不确定性。在故障诊断中，由于设备运行环境的模糊性、设备复杂化带来的模糊性、设备运行状态的模糊性、观察检测和经验的模糊性等，就不可避免地使诊断结果具有不确定性。模糊故障诊断的产生及发展，使长期以来人们的故障诊断经验得以数学化表达，并能够在计算机中进行处理，从而使计算机也能像人脑那样接收和处理模糊信息，对模糊事物进行推理、判断并做出决策。

模糊故障诊断是一种基于知识的诊断系统，因为在诊断过程中对模糊症状、模糊现象等的描述要借助于有经验的操作者或专家的直觉经验、知识等。模糊故障诊断是一种颇有前途的诊断方法，其特点有二：一是采用多因素诊断；二是模拟了人类的思维方法。复杂设备模糊故障诊断一般采用逐级推进式的推理方式来定位故障部件，各级推理都可以建立类似于已建模型的故障诊断模型，以模糊故障诊断模型为诊断模块建立模型化的模糊故障诊断系统。

模糊故障诊断过程：从对模糊信息的获取，到利用模糊信息进行模糊推理，再到最后做出诊断。模糊诊断方法有很多，目前使用较多的主要有四种：

(1) 模糊逻辑法

模糊逻辑法以隶属度函数和模糊矩阵为基础，建立待诊对象故障征兆与故障原因之间的模糊数学模型，通过研究征兆形式对故障的隶属度大小，实现故障定位。此方法直观明了，易理解，初始模糊矩阵若建立得合适，诊断结果很好。其缺点是：ⓘ检测对象特征元素的选择要具有代表性和易区分性，这是一个难点，若选择不恰当，就容易出现误诊现象。ⓘⓘ模型建立之初，模糊矩阵和隶属函数不可避免地含有不切实际或主观的成分，需要在后续诊断使用过程中不断改进与更新，此过程漫长。

(2) 模糊聚类法

模糊聚类法是将某设备曾出现过的所有故障形式按一定规则进行聚类，即建立若干故障模式，将待检故障样本与故障模式逐一对照，当前样本故障就属于同故障模式最为相似的那一类故障。模糊聚类法不仅不需要大量的专家经验，而且不用深入研究机械设备的故障机理，但是这种方法需要足够可靠的诊断记录，多用于发展较为成熟、拥有大量故障历史记录的系统中。对于新设备、新系统，或者遇到历史故障诊断记录中没有出现过的新故障，此方法不适合使用。

(3) 模糊模型法

此方法首先对正常使用中的系统建立模糊模型，由模糊模型计算出系统工作输出的预测值，系统实际输出值和预测值相减得到残差，由残差数值的大小来确定系统是否存在故障。若系统复杂，该方法需要众多模糊规则，所以在使用时，会产生获取规则和提高诊断速度等问题。

(4) 模糊神经网络法

模糊神经网络法结合了神经网络系统和模糊系统的长处，在处理非线性、模糊性等问题上有很大的优越性，在智能信息处理方面存在巨大的潜力。

除了上述四种方法之外，模糊诊断技术也与其他方法结合形成了许多混合模糊故障诊断方法，例如：模糊故障树法、模糊-参数估计法、模糊-遗传算法、模糊小波分析法、模糊专家系统法和模糊-神经网络-进化算法等。

6.2.4 设备故障的灰色诊断技术

故障诊断的实质是对设备状态进行分类，是模式识别在机械工程领域的延拓。目前，在故障诊断领域应用较多的模式识别方法有统计模式识别、模糊模式识别以及灰色关联度模式识别等。基于灰色系统理论的灰色关联度模式识别法，自 1986 年以来在机械故障诊断领域发展迅速，由于其具有计算简单、概念清晰、应用方便等特点，是一种很有前途的诊断方法。

灰色关联度分析方法是灰色系统理论中进行系统分析的方法。它用由某些特定参数组成的曲线来形象地表示事物的特征和发展过程，通过计算曲线间某种特定差值求得的关联度来分析其内在联系，作为衡量这些事物的发展过程的近似程度。关联度是指不同研究对象（灰色因数）之间的关联程度。如果把研究对象用特征参数曲线形象表征，那么曲线空间位置的"相近性"及其形状的"相似性"便可作为衡量对象之间关联度大小的度量。

对于我们所研究的实际传动箱系统进行分析，首先应确定系统特征参数的标准模式向量和系统特征参数的待检模式向量。

设系统标准模式向量为 $\{x_0(k)\}$，系统特征参数的待检模式向量为

$$\{x_i(k)\} = \{x_i(1), x_i(2), x_i(3), \cdots, x_i(m)\}, k = 1, 2, \cdots, m; i = 1, 2, \cdots, n \tag{6-5}$$

由于所有的这些向量均是来源于实际系统的数据序列，因此必然具有相应的物理量纲，数值上差异可能很大，甚至相差若干个数量级。这样就会使得数值较小的项目失去作用，而数值较大的项目被夸大，从而失去公共的交点。为了保证参与分析的数据序列基本处于同一数量级，并且实现无量纲化，可以采用归一化处理。最常用的归一化处理的方法是零一归一化，即

$$Y_i(k) = \frac{x_i(k) - \min_i x_i(k)}{\max_i x_i(k) - \min_i x_i(k)}, i = 0, 1, 2, \cdots, n; k = 1, 2, \cdots, m \tag{6-6}$$

式中　$x_i(k)$——归化前的量；

　　　$Y_i(k)$——归化后的量。

这样，则求出待检模式与标准模式之间的关联系数为

$$\xi_j(k) = \frac{\Delta_{\min} + \zeta\Delta_{\max}}{\Delta_j(k) + \zeta\Delta_{\max}} \tag{6-7}$$

式中　ζ——分辨系数，$(0 \leqslant \zeta \leqslant 1)$；

　　$\Delta_{\min}$——最小绝对差，$\Delta_{\min} = \min_i \min_k |Y_0(k) - Y_i(k)|$；

　　$\Delta_{\max}$——最大绝对差，$\Delta_{\max} = \max_i \max_k |Y_0(k) - Y_i(k)|$；

　$\Delta_j(k)$——$Y_0(k)$ 与 $Y_i(k)$ 的绝对差，$\Delta_j(k) = |Y_0(k) - Y_i(k)|$。

这样，描述系统特征参数的标准模式向量 $\{x_0(k)\}$ 与描述系统待检模式 $\{x_i(k)\}$ 的绝对值关联度为

$$\gamma_i = \frac{1}{m} \sum_{j=1}^{m} \xi_j(k) \tag{6-8}$$

按照上式计算所得关联度大小对可能故障进行排列，从而进行故障诊断。

6.2.5　设备故障的支持向量机技术

与传统统计学相比，统计学习理论是一种专门研究小样本情况下机器学习规律的理论。1995 年由 Vapnik 提出的一种基于统计学习理论的非线性分类算法，通过非线性变换将输入空间变换到高维空间，然后在这个新空间中求最优分类面，即最大间隔面，这种非线性变换是通过定义适当的内积核函数实现的。由于支持向量机技术具有处理小样本问题的优越性和良好的泛化能力等，克服了神经网络一些难以克服的缺陷，得到了不同领域研究者的广泛关注，产生了较多的理论和应用研究成果。同时，在机械智能故障诊断领域也引起了研究者的充分关注，成为该领域的研究热点。

支持向量机建立在统计学习理论和结构风险最小化原理的基础上，在理论上充分保证了模型的泛化能力，与神经网络相比，具有更坚实的理论基础和完善的理论体系，目前已经广泛运用于模式识别的分类器设计中。但是，用于分类器的支持向量机模型，本身也有许多参数要进行选择，比如惩罚因子 C、核函数及核函数的相关参数等。这些参数在一定程度上对模型的分类精度具有很大影响，且目前尚无统一选择标准。

支持向量机模式识别原理是从线性可分情况下的最优分类面提出的。所谓最优分类线就是要求分类线不但能将两类正确分开，而且使分类间隔最大，前者是保证经验风险最小，而后者就是使推广性的界中置信范围最小，从而使真实风险最小，也是对推广能力的控制。推广到高维空间，最优分类线就成为最优分类面。设线性可分样本集 $(\vec{x}_1, y_1), (\vec{x}_2, y_2), \cdots, (\vec{x}_n, y_n)$，其中 $\vec{x} \in R^d, y \in \{-1, 1\}$ 是类别标号。对于非线性分类，首先使用一个非线性映射 Φ 把数据样本从原空间 R^d 映射到一个高维特征空间 Ω，再在高维特征空间 Ω 中求最优分类面，高维特征空间 Ω 的维数可能是非常高的，但是支持向量机利用核函数巧妙地解决了这个问题，根据泛函数的有关理论，只要一种核函数 $K(x_i, x_j)$ 满足 Mercer 条件，它就对应某一变换空间的内积，即 $K(x_i, x_j) = \Phi(x_i)\Phi(x_j)$，这样在高维空间实际上只需要进行内积运算（这种内积运算是可以用原空间中的函数实现的），无需知道 $\Phi(x)$ 的具体形式，因此，在最优分类面中采用适当的内积函数 $K(x_i, x_j)$ 就可以实现某一非线性变换后的线性分类，而计算复杂度却没有增加。d 维线性空间中线判别函数的一般形式为 $g(\vec{x}) = \vec{w} \cdot \Phi(\vec{x}) + b$，最优分类面方程为 $\vec{w} \cdot \Phi(\vec{x}) + b = 0$。分类面应满足的约束为

$$y_i \left[\vec{w} \cdot \Phi(\vec{x}_i) + b \right] \geq 1 - \xi_i, i = 1, 2, \cdots, n \tag{6-9}$$

式中　$\vec{w}$——分类面的权系数向量；

　　　　b——分类的域值；

　　　　ξ_i——松弛变量，$\xi_i \geq 0$。

$$\frac{1}{2} \|\vec{w}\|^2 + C \left(\sum_{i=1}^{n} \xi_i \right) \tag{6-10}$$

使分类间隔最大化的分类面为最优分类面。因此，构造最优分类面的问题被转化为在式（6-10）的约束下，求函数的最小值，即在确定最优分类面时折中考虑最小错分样本和最大分类间隔，其中，正常数 C 控制着对错分样本惩罚的程度，这是一个凸二次优化问题，能够保证找到的极值解就是全局最优解，可利用 Lagrange 函数使原问题转化为较简单的对偶问题，即在约束条件 $\sum_{i=1}^{n} y_i \alpha_i = 0$ 和 $C \geq \alpha_i \geq 0$，$i = 1, 2, \cdots, n$ 之下求解下列函数的最大值

$$Q(\alpha) = \sum_{i=1}^{n} \alpha_i - \frac{1}{2} \sum_{i,j=1}^{n} \alpha_i \beta_j y_i y_j K(x_i, x_j) \qquad (6\text{-}11)$$

式中，α_i 和 β_j 为优化系数。根据 Kuhn-Tucker 条件，优化系数须满足：$\alpha_i \{ y_i [\vec{w} \cdot \Phi(\vec{x}_i) + b] - 1 + x_i \} = 0$，$i = 1, 2, \cdots, n$。因此，多数 α_i 值必为 0，少数值为非 0 的 α_i 对应于使式（6-11）等号成立的样本为支持向量，只有为支持向量的样本才能决定最终的分类结果。按式（6-12）求出优化系数 α_i 后，对于给定的测试样本 x，支持向量机分类器的分类函数的一般形式为

$$f(x) = \text{sgn} \Big[\sum_{\text{支持向量}} \alpha_i y_i K(x_i, x) + b \Big] \qquad (6\text{-}12)$$

选择不同的内积核函数会形成不同的算法。目前在分类方面研究较多也较常用的核函数有多种，其中包括线性核函数、多项式核函数、径向基核函数和 Sigmoid 核函数。不同的核函数会导致支持向量机的推广性能有所不同。因此如何根据装备故障样本数据的具体情况，选择恰当的核函数是支持向量机应用领域遇到的一个重大难题。在此主要通过对使用不同核函数的支持向量机进行测试，找出对于装备故障数据，不同核函数的性能差异以及具体何种核函数最为适合。

参考文献

[1] 丁玉兰，石来德.机械设备故障诊断技术.上海：上海科学技术文献出版社，1994.

[2] 陈大禧，朱铁光.大型回转机械诊断现场实用技术.北京：机械工业出版社，2002.

[3] 何正嘉.机械故障诊断理论及应用.北京：高等教育出版社，2010.

[4] 陈大禧，李志强.机械设备故障诊断基础知识.长沙：湖南大学出版社，1989.

[5] 丁康，李巍华，朱小勇.齿轮及齿轮箱故障诊断实用技术.北京：机械工业出版社，2005.

[6] 何正嘉，陈进，王太勇，等.机械故障诊断理论及应用.北京：高等教育出版社，2010.

[7] 张正松.旋转机械振动监测及故障诊断.北京：机械工业出版社，1991.

[8] Peizhen L，Hupei X，Jinjie Y. The research of underground vibration signal detection and processing system based on LabWindows/CVI. Computer and Information Science（ICIS），2014.

[9] 高金吉.机械故障诊治与自愈化.北京：高等教育出版社，2012.

[10] 刘德镇.现代射线检测技术.北京：中国标准出版社，1999.

[11] 李剑.浅谈磁粉探伤检测方法的发展.建筑工程技术与设计，2017.

[12] 刘宝，徐彦霖，王增勇，等.涡流检测技术及进展.兵工自动化，2006.

[13] 杨国安.滚动轴承故障诊断实用技术.北京：中国石化出版社，2012.

[14] 杨国安.齿轮故障诊断实用技术.北京：中国石化出版社，2012.

[15] 徐涛，张现清.旋转设备滚动轴承故障诊断实例.中国电力，2003.

[16] 申甲斌.齿轮箱中滚动轴承的故障诊断与分析.设备管理与维修，2008.

[17] 周邵萍，苏永升，林匡行，等.螺杆泵装置振动分析与故障诊断.流体机械，2002.

[18] 丁康，朱小勇，陈亚华.齿轮箱典型故障振动特征与诊段策略.振动与冲击，2001.

[19] 刘雄.转子监测和诊断系统.西安：西安交通大学出版社，1991.

[20] 黄志坚，高立新，廖一凡.机械设备振动故障监测与诊断.北京：化学工业出版社，2010.

[21] 张雨，徐小林，张建华.设备状态监测与故障诊断的理论和实践.长沙：国防科技大学出版社，2000.

[22] 盛兆顺，尹琦岭.设备状态监测与故障诊断技术及应用.北京：化学工业出版社，2003.

[23] 张碧波，徐宝志，张莹.设备状态监测与故障诊断.北京：化学工业出版社，2011.

[24] 杨志伊.设备状态监测与故障诊断.北京：中国计划出版社，2006.

[25] 林英志.设备状态监测与故障诊断技术.北京：中国林业出版社，2007.

[26] 马宏忠.电机状态监测与故障诊断.北京：机械工业出版社，2008.

[27] 钟秉林，黄仁.机械故障诊断学.北京：机械工业出版社，1997.

[28] 中国机械工程学会设备与维修工程分会.设备状态监测与故障诊断技术及其工程应用.北京：机械工业出版社，2010.

[29] 黄志坚.机械故障诊断技术及维修案例精选.北京：化学工业出版社，2016.

[30] 赵炯，周奇才，熊肖磊，等.设备故障诊断及远程维护技术.北京：机械工业出版社，2014.

[31] 张键.机械故障诊断技术.北京：机械工业出版社，2014.

[32] 时彧.机械故障诊断技术与应用.北京：国防工业出版社，2014.

[33] 时献江，王桂荣，司俊山.机械故障诊断及典型案例解析.北京：化学工业出版社，2013.

[34] 杨国安.旋转机械故障诊断实用技术.北京：中国石化出版社，2012.

[35] Donald E. Bently，Charles T. Hatch.旋转机械诊断技术.北京：机械工业出版社，2014.

[36] 杨建刚.旋转机械振动分析与工程应用.北京：中国电力出版社，2007.

[37] 王致杰，刘三明，孙霞.大型风力发电机组状态监测与智能故障诊断.热能动力工程，2013.

[38] 黄润华，韩国明.机器振动测量与评价 ISO 标准的四个发展阶段//全国振动理论及应用学术会议.2011.

[39] 何正嘉，曹宏瑞，訾艳阳，等.机械设备运行可靠性评估的发展与思考.机械工程学报，2014.

[40] 韩国明，黄润华，张刚，等.机械振动、冲击与状态监测标准化工作的国内外进展//全国振动理论及应用学术会议.2007.

[41] 周邵萍，苏永升，吴明.YLII-4000J 烟气轮机的振动监测与故障诊断.动力工程学报，2006.

[42] 肖健华，杨叔子.应用于故障诊断的 SVM 理论研究.振动：测试与诊断，2001.

[43] 李方泽，等.工程振动测试与分析.北京：高等教育出版社，1992.

[44] 牛明忠.设备故障的振动识别方法与实例.北京：冶金工业出版社，1995.

[45] 黄惟一.测试技术：理论与应用.北京：国防工业出版社，1988.

[46] 韩捷.旋转机械故障机理及诊断技术.北京：机械工业出版社，1997.

[47] 陈克兴，李川奇.设备状态监测与故障诊断技术.北京：科学技术文献出版社，1991.

[48] 陈大禧，朱铁光.石化企业大机组监测诊断系统的现状及开发趋势.中国设备工程，1996.

[49] 曹青松，向琴，熊国良.机械松动现象与故障特性研究综述.噪声与振动控制，2015.

[50] 李玮.机泵集群状态监测技术的开发与应用.中国设备工程，2002.

[51] 张云龙，白黎明.浅谈控制论与计算机的关系.计算机测量与控制，2000.

[52] 李玲，王欢欢，谢利理.基于集散控制的分布式电源并网监控系统研究.计算机测量与控制，2010.

[53] 赵磊，柏澜.基于虚拟仪器技术的综合测试系统研究.自动化与仪器仪表.

[54] 路俏俏.风机旋转失速的故障诊断与处理//中国金属学会.2008 年全国炼铁生产技术会议暨炼铁年会文集（下册）.2008.

[55] Xian Lin Z，Tao Z，Jian Hua P. The Design of Radar Automatic Fault Detection System Based on Virtual Instrument Technology. Applied Mechanics and Materials，2014.

[56] 吴今培，肖健华.智能故障诊断与专家系统.北京：科学出版社，1997.

[57] 田盛丰.人工智能与知识工程.北京：中国铁道出版社，1999.

[58] 施鸿宝.神经网络及其应用.西安：西安交通大学出版社，1993.

[59] 李鸿吉.模糊数学基础及实用算法.北京：科学出版社，2005.

[60] 李士勇.工程模糊数学及应用.哈尔滨：哈尔滨工业大学出版社，2004.

[61] 孟俊焕，唐艳，李伟.模糊诊断法在汽车故障分析中的应用研究.农机化研究，2006.

[62] 高新波.模糊聚类分析及其应用.西安：西安电子科技大学出版社，2004.

[63] 成健.模糊诊断法在风机故障诊断中的研究与应用.辽宁科技大学，2012.

[64] 耿立恩，潘旭峰，李晓雷，等.灰色系统理论在机械故障诊断决策中的应用.北京理工大学学报，1997.

[65] 黄丙申，刘财勇，王治国.灰色系统理论在机械故障诊断中的应用.佳木斯大学学报（自然科学版），2005.

[66] 孟浩东.基于神经网络和灰色理论的传动箱故障诊断研究.太原：中北大学，2005.

[67] 汪江.汽轮机组振动故障诊断 SVM 方法与远程监测技术研究.南京：东南大学，2005.